零件数控车削编程与加工技术

鲁淑叶　王小虎　辜艳丹　主编
李卫东　主审

国防工业出版社

·北京·

内 容 简 介

本书以企业实际工作过程和工作环境组织教学,通过各种典型零件的工艺分析、编程及加工的全过程学习,将理论和技能与生产实际有机结合。

全书共分为"认识与操作数控车床""台阶轴零件的车削加工""锥度及圆弧轴零件的车削加工""槽及螺纹轴零件的车削加工""非圆曲线零件的车削加工""孔类零件的车削加工"6个学习模块。除模块一外,其他模块均按照任务描述→知识与技能点→零件加工工艺→零件编程→零件加工实施→思考与练习等内容展开,以五大类型零件加工为载体,内容由浅入深,循序渐进,逐步培养学习者的数控车床操作、工艺、编程的相关知识与技能。

本书可作为高等职业院校数控技术、机械设计与制造、模具设计与制造等专业的数控车削编程与加工相关课程的教学的一体化教材,也可作为机械制造企业相关工程技术人员的参考书。

图书在版编目(CIP)数据

零件数控车削编程与加工技术/鲁淑叶,王小虎,辜艳丹主编. —北京:国防工业出版社,2016.11
ISBN 978-7-118-10981-8

Ⅰ.①零… Ⅱ.①鲁… ②王… ③辜… Ⅲ.①机械元件-数控机床-车床-车削-高等职业教育-教材 Ⅳ.①TH13②TG519.1

中国版本图书馆 CIP 数据核字(2016)第 305208 号

※

国防工业出版社出版发行
(北京市海淀区紫竹院南路23号 邮政编码100048)
天利华印刷装订有限公司印刷
新华书店经售

*

开本 787×1092 1/16 印张 15¼ 字数 361 千字
2017 年 1 月第 1 版第 1 次印刷 印数 1—4000 册 定价 42.00 元

(本书如有印装错误,我社负责调换)

国防书店:(010)88540777　　发行邮购:(010)88540776
发行传真:(010)88540755　　发行业务:(010)88540717

《零件数控车削编程与加工技术》编委会

主　　编　鲁淑叶　王小虎　辜艳丹
副 主 编　何　苗　邱　昕　李勇兵
参　　编　钟如全　邹左明　范绍平　燕杰春
　　　　　袁洞明　熊　隽　张晓辉
主　　审　李卫东

前　言

为了培养适应社会发展需要的高端技术技能型人才，本书以四川信息职业技术学院数控技术省级重点专业建设为契机，从岗位工作任务分析着手，通过课程分析、知识和能力的分析，构建了以"任务为驱动，以项目为载体"的高职数控技术专业课程体系，取得了一定的成果。"零件数控车削加工"课程获得了省级资源开放课程，并精心设计，开发了配套教材《零件数控车削编程与加工技术》。

本书结合企业生产实际和零件制造的工作流程，分析各流程所必需的知识和技能结构，归纳课程的主要工作任务，选择典型的载体，构建主体学习模块；以典型零件为主线，融合职业资格标准，基于真实的工作过程，以学习者为中心，由浅入深、循序渐进，培养学习者数控车床操作、工艺、编程和质量检验全过程的知识和技能。

本书共分为6个学习模块，每个模块都以常用的FANUC数控系统和华中数控系统展开讲解，除模块一外，其他模块均按照任务描述→零件加工工艺→零件编程→零件加工实施等内容展开，以五大类型零件加工为载体，内容由浅入深，循序渐进，逐步培养学习者的数控车床操作、工艺、编程和质量检验全过程的知识和技能。

本书由学校与行业、企业的教师和专家共同编写，由四川信息职业技术学院鲁淑叶、王小虎、辛艳丹担任主编，王小虎、范绍平编写模块一；辛艳丹、熊隽编写模块二；何苗、燕杰春编写模块三；鲁淑叶编写模块四；李勇兵、袁洞明编写模块五；邱昕、邹左明编写模块六，四川信息职业技术学院钟如全教授、零八一电子集团塔山湾精密制造车间张晓辉主任协助编写并提出了许多宝贵的意见和建议，全书由鲁淑叶统稿。

该书由成飞132厂数控车间李卫东高级技师担任主审，并提出了许多宝贵的修改和补充意见，特此表示感谢。

在本书编写过程中，得到了许多教师、企业技术人员的关心、支持和帮助，在此表示衷心感谢。

限于作者的水平和学识，书中难免存在疏漏和不妥之处，恳请读者批评指正。

编　者
2016年6月

目 录

模块一 认识与操作数控车床

任务一 数控车床基础知识 ··· 1

  1.1 认识数控车床 ··· 1
    1.1.1 数控机床简介 ··· 1
    1.1.2 数控车床简介 ··· 4
  1.2 数控车床坐标系 ··· 10

任务二 数控车床基本操作 ··· 12

  2.1 安全教育 ··· 12
    2.1.1 安全文明生产 ··· 12
    2.1.2 数控车床安全操作规程 ··· 13
  2.2 FANUC 系统车床基本操作 ··· 14
    2.2.1 系统面板介绍 ··· 14
    2.2.2 基本操作 ·· 22
    2.2.3 数控加工仿真系统 ··· 33
  2.3 华中系统车床基本操作 ·· 40
    2.3.1 系统面板介绍 ··· 40
    2.3.2 基本操作 ·· 45
    2.3.3 数控加工仿真系统 ··· 50
  2.4 数控车床日常维护 ·· 52
  思考与练习 ··· 53

模块二 台阶轴零件的车削加工

任务一 数控车削加工工艺 ··· 54

  1.1 数控车削加工的主要对象 ··· 54
  1.2 制定数控车削加工工艺 ·· 55
    1.2.1 零件图样分析 ··· 55
    1.2.2 工序的划分 ·· 56

		1.2.3 加工顺序的安排	56
		1.2.4 进给路线的确定	57
		1.2.5 刀具的选择	59
		1.2.6 切削用量的选择	59
		1.2.7 工艺卡片的填写	61
	1.3	台阶轴零件工艺的制定	61
		1.3.1 零件图工艺分析	61
		1.3.2 机床的选择	64
		1.3.3 装夹方案的确定	64
		1.3.4 工艺过程卡片制定	64
		1.3.5 加工顺序的确定	66
		1.3.6 刀具与量具的确定	66
		1.3.7 数控车削加工工序卡片	66

任务二 台阶轴零件的编程 …… 69

	2.1	编程基础知识	69
		2.1.1 数控编程的内容及步骤	69
		2.1.2 数控编程的方法	69
		2.1.3 程序的结构与格式	70
		2.1.4 基点的计算	72
	2.2	FANUC系统编程基本指令	74
		2.2.1 快速点定位指令G00	74
		2.2.2 直线插补指令G01	75
		2.2.3 内/外径车削单一固定循环指令G90	76
		2.2.4 端面车削单一固定循环指令G94	78
	2.3	华中系统编程基本指令	79
		2.3.1 内/外径车削单一固定循环指令G80	79
		2.3.2 端面车削单一固定循环指令G81	81
	2.4	调头加工方法	82
	2.5	台阶轴零件的编程	84

任务三 台阶轴零件的加工实施 …… 87

	3.1	工件与刀具装夹	88
		3.1.1 工件装夹	88
		3.1.2 刀具的安装	88
	3.2	对刀与参数设置	88
	3.3	零件测量及误差分析	89
		3.3.1 零件的测量	89
		3.3.2 零件误差分析	89

思考与练习 ··· 92

模块三 锥度及圆弧轴零件的车削加工

任务一 锥面及圆弧轴零件加工工艺 ·· 94

1.1 数控车削常用刀具 ·· 94
1.1.1 数控车削常用刀具的材料 ·· 94
1.1.2 数控车削常用刀具的类型 ·· 95
1.2 锥面及圆弧面刀具的选择 ·· 99
1.2.1 圆锥面刀具的选择 ·· 99
1.2.2 圆弧面刀具的选择 ·· 99
1.3 锥面及圆弧面走刀路线 ·· 100
1.4 数控车削常用夹具及装夹方式 ·· 101
1.5 锥度及圆弧轴零件工艺制订 ·· 106
1.5.1 零件图工艺分析 ·· 106
1.5.2 机床的选择 ·· 106
1.5.3 装夹方案的确定 ·· 106
1.5.4 工艺过程卡片制定 ·· 106
1.5.5 加工顺序的确定 ·· 108
1.5.6 刀具与量具的确定 ·· 108
1.5.7 数控车削加工工序卡片 ·· 108

任务二 锥度及圆弧轴零件的编程 ·· 111

2.1 FANUC 系统编程指令 ·· 111
2.1.1 恒线速度功能 ·· 111
2.1.2 圆弧编程指令 ·· 111
2.1.3 复合固定循环 ·· 113
2.1.4 刀尖半径补偿 ·· 119
2.2 华中系统编程指令 ·· 122
2.2.1 恒线速度功能 ·· 122
2.2.2 圆弧编程指令 ·· 123
2.2.3 复合循环指令 ·· 124
2.2.4 刀尖半径补偿 ·· 131
2.3 锥度及圆弧轴零件的编程 ·· 135

任务三 锥度及圆弧轴零件的加工实施 ·· 137

3.1 工件与刀具装夹 ·· 138
3.1.1 工件装夹 ·· 138

  3.1.2 刀具的安装 ………………………………………………………… 138
 3.2 刀具半径补偿参数设置 ……………………………………………………… 139
  3.2.1 FANUC 系统刀具半径补偿参数设置 ……………………………… 139
  3.2.2 华中系统刀具半径补偿参数设置 ………………………………… 139
 3.3 零件测量及误差分析 ………………………………………………………… 140
  3.3.1 锥度的测量 ………………………………………………………… 140
  3.3.2 圆弧半径的测量 …………………………………………………… 141
  3.3.3 零件误差分析 ……………………………………………………… 141
思考与练习 ……………………………………………………………………………… 143

模块四 槽及螺纹轴零件的车削加工

任务一 槽及螺纹轴零件加工工艺 ……………………………………………… 145

 1.1 槽加工工艺 …………………………………………………………………… 145
  1.1.1 切槽加工的特点 …………………………………………………… 146
  1.1.2 切槽刀的材料及几何角度 ………………………………………… 146
  1.1.3 切槽刀的进刀方式 ………………………………………………… 147
  1.1.4 切削用量的选择 …………………………………………………… 148
 1.2 螺纹车削加工工艺 …………………………………………………………… 148
  1.2.1 螺纹的常见加工方法 ……………………………………………… 148
  1.2.2 螺纹的常用牙型 …………………………………………………… 149
  1.2.3 普通螺纹的参数 …………………………………………………… 149
  1.2.4 普通螺纹的数据计算 ……………………………………………… 149
  1.2.5 螺纹车刀的材料及几何角度 ……………………………………… 150
  1.2.6 螺纹车削切削用量的选择 ………………………………………… 151
 1.3 槽及螺纹轴零件工艺制定 …………………………………………………… 153
  1.3.1 零件图工艺分析 …………………………………………………… 153
  1.3.2 机床选择 …………………………………………………………… 153
  1.3.3 装夹方案的确定 …………………………………………………… 153
  1.3.4 工艺过程卡片制定 ………………………………………………… 153
  1.3.5 加工顺序的确定 …………………………………………………… 155
  1.3.6 刀具与量具的确定 ………………………………………………… 155
  1.3.7 数控车削加工工序卡片 …………………………………………… 155

任务二 槽及螺纹轴零件的编程 ………………………………………………… 158

 2.1 FANUC 系统编程指令 ……………………………………………………… 158
  2.1.1 槽的编程 …………………………………………………………… 158
  2.1.2 螺纹的编程 ………………………………………………………… 161

  2.2 华中系统编程指令 …………………………………………………… 166
    2.2.1 槽的编程 ………………………………………………………… 166
    2.2.2 螺纹的编程 ……………………………………………………… 167
  2.3 槽及螺纹轴零件的编程 …………………………………………… 172

任务三 槽及螺纹轴零件的加工实施 …………………………………… 175

  3.1 刀具与工件装夹 …………………………………………………… 175
    3.1.1 工件装夹 ………………………………………………………… 175
    3.1.2 刀具的安装 ……………………………………………………… 175
  3.2 对刀及参数设置 …………………………………………………… 176
    3.2.1 切槽刀的对刀及参数设置 ……………………………………… 176
    3.2.2 螺纹刀的对刀方法 ……………………………………………… 177
  3.3 零件测量及误差分析 ……………………………………………… 177
    3.3.1 沟槽的测量 ……………………………………………………… 177
    3.3.2 螺纹的测量 ……………………………………………………… 177
    3.3.3 零件误差分析 …………………………………………………… 179

 思考与练习 ……………………………………………………………………… 180

模块五 非圆曲线零件的车削加工

任务一 非圆曲线零件加工工艺 …………………………………………… 183

  1.1 非圆曲线零件工艺制定 …………………………………………… 183
    1.1.1 零件图工艺分析 ………………………………………………… 183
    1.1.2 机床的选择 ……………………………………………………… 184
    1.1.3 装夹方案的确定 ………………………………………………… 184
    1.1.4 工艺过程卡片制定 ……………………………………………… 184
    1.1.5 加工顺序的确定 ………………………………………………… 186
    1.1.6 刀具与量具的确定 ……………………………………………… 186
    1.1.7 数控车削加工工序卡片 ………………………………………… 186

任务二 非圆曲线零件的编程 …………………………………………… 189

  2.1 FANUC 系统编程指令 …………………………………………… 189
    2.1.1 宏程序的概念 …………………………………………………… 189
    2.1.2 宏变量 …………………………………………………………… 189
    2.1.3 运算指令 ………………………………………………………… 190
    2.1.4 转移与循环指令 ………………………………………………… 191
    2.1.5 宏程序调用 ……………………………………………………… 193
    2.1.6 数学计算 ………………………………………………………… 194

  2.2 华中系统编程指令 ······ 196
    2.2.1 宏变量 ······ 196
    2.2.2 运算指令 ······ 197
  2.3 非圆曲线零件的编程 ······ 198

任务三 非圆曲线零件的加工实施 ······ 201

  3.1 非圆曲面测量工具及测量方法 ······ 201
  3.2 误差分析 ······ 201
  思考与练习 ······ 203

模块六 孔类零件的车削加工

任务一 孔类零件车削加工工艺 ······ 205

  1.1 常用内孔零件车削加工刀具 ······ 205
    1.1.1 麻花钻 ······ 205
    1.1.2 中心钻 ······ 206
    1.1.3 深孔钻 ······ 206
    1.1.4 扩孔钻 ······ 206
    1.1.5 镗刀 ······ 206
    1.1.6 铰刀 ······ 207
  1.2 孔车削加工分析 ······ 208
    1.2.1 精度要求 ······ 208
    1.2.2 内孔的车削方法 ······ 209
    1.2.3 孔类零件加工中的主要工艺问题 ······ 209
  1.3 孔的车削加工工艺制订 ······ 211
    1.3.1 零件图工艺分析 ······ 211
    1.3.2 机床选择 ······ 211
    1.3.3 装夹方案的确定 ······ 211
    1.3.4 工艺过程卡片制定 ······ 212
    1.3.5 加工顺序的确定 ······ 213
    1.3.6 刀具与量具的确定 ······ 213
    1.3.7 数控车削加工工序卡片 ······ 213

任务二 孔的车削加工编程 ······ 218

  2.1 FANUC 系统编程指令 ······ 218
  2.2 华中系统编程指令 ······ 219
  2.3 孔的车削加工编程 ······ 221

任务三 孔的车削加工实施 ·· 226

3.1 工件装夹与刀具安装 ··· 226
3.1.1 工件装夹 ·· 226
3.1.2 车刀的安装 ·· 226

3.2 对刀与参数设置 ·· 227
3.2.1 Z 向的对刀参数设置 ·· 227
3.2.2 X 向的对刀参数设置 ·· 227

3.3 零件测量及误差分析 ·· 228
3.3.1 孔径测量工具 ·· 228
3.3.2 零件误差分析 ·· 230

思考与练习 ·· 231

模块一　认识与操作数控车床

任务描述

完成数控车床安全知识、基本操作技能、数控车床仿真系统操作的学习。

任务一　数控车床基础知识

知识与技能点
- 了解数控车床的类型、数控车床安全操作规程；
- 掌握数控车床坐标系知识。

1.1　认识数控车床

1.1.1　数控机床简介

数控技术简称数控（Numerical Control，NC），是利用数字化信息对机械运动及加工过程进行控制的一种方法。由于现代数控都采用了计算机进行控制，因此，也可以称为计算机数控（Computer Numerical Control，CNC）。

采用数控技术进行控制的机床，称为数控机床（NC 机床）。它是一种综合应用了计算机技术、自动控制技术、精密测量技术和机床设计等先进技术的典型机电一体化产品，是现代制造技术的基础。

1. 数控机床的分类

数控机床的种类很多，主要按工艺用途、伺服控制方式、运动方式等进行分类。

按照机床主轴的方向分类，数控机床可分为卧式数控机床（主轴位于水平方向）和立式数控机床（主轴位于垂直方向）。

按照工艺用途分类，数控机床主要有以下几种类型。

（1）数控铣床。数控铣床主要用于完成铣削加工或镗削加工，同时也可以完成钻削、攻螺纹等加工，如图 1-1 所示为立式数控铣床。

（2）加工中心。加工中心是指带有刀库（带有回转刀架的数控车床除外）和自动换刀装置（Automatic Tool Changel，ATC）的数控机床。通常所指的加工中心是指带有刀库和自动换刀装置的数控铣床。图 1-2 所示为 DMG 五轴加工中心。

（3）数控车床。数控车床是用于完成车削加工的数控机床。通常情况下也将以车削加工为主并辅以铣削加工的数控车削中心归类为数控车床。图 1-3(a)所示为卧式数控车床，图 1-3(b)所示为立式数控车床。

（4）数控钻床。数控钻床主要用于完成钻孔、攻螺纹等加工，有时也可完成简单的铣削加工。数控钻床是一种采用点位控制系统的数控机床，即控制刀具从一点到另一点的

图1-1 立式数控铣床

图1-2 DMG五轴加工中心

（a）卧式数控车床

（b）立式数控车床

图1-3 数控车床

位置，而不控制刀具的移动轨迹。图1-4所示为立式数控钻床。

（5）数控特种加工机床。该类数控机床是利用两个不同极性的电极在绝缘液体中产生的电腐蚀对工件进行加工，以达到一定形状、尺寸和表面粗糙度要求，对于形状复杂及难加工材料模具的加工有其特殊优势。常见的数控特种加工机床有数控电火花成型机床及数控线切割机床。如图1-5、图1-6所示。

（6）其他数控机床。数控机床除以上的几种常见类型外，还有数控磨床、数控冲床、数控激光加工机床、数控超声波加工机床等，在此不作详述。

图1-4 立式数控钻床

2. 数控机床的组成

数控机床一般由机床主机、数控装置、伺服系统、反馈系统、辅助装置等部分组成，如

图1-5 数控电火花成型机床　　　图1-6 数控线切割机床

图1-7所示。

(1) 机床主机。是数控机床的主体,包括机床身、立柱、主轴、进给机构等机械部件,是用于完成各种切削加工的机械部件。

(2) 数控装置。是数控机床的核心,数控装置接收输入介质的信息,并将其代码加以编译、翻译,输出相应的指令脉冲以驱动伺服系统,进而控制机床动作。

(3) 伺服系统。由伺服单元和驱动装置构成,其作用是把来自数控装置的脉冲信号转换为机床移动部件的运动,使工作台(或溜板)精确定位或按规定的轨迹作严格的相对运动,最后加工出符合图纸要求的零件。

(4) 反馈系统。主要由反馈元件组成。反馈元件通常安装在机床的工作台上或丝杠上,其作用是通过检测机床移动的实际位置、速度参数,将其转换成电信号,并反馈到数控装置中。

(5) 辅助控制装置。是指数控机床的一些必要的配套部件,用于保证数控机床的运行,如冷却、排屑、润滑、照明、监测等。它包括液压和气动装置、排屑装置、交换工作台、数控转台和数控分度头,还包括刀具及监控检测装置等。

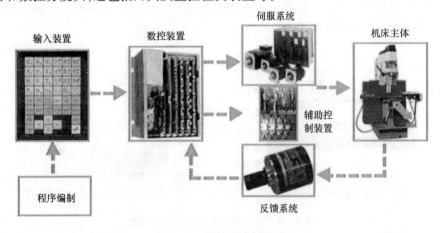

图1-7 数控机床的组成

3. 数控机床工作原理

数控机床是一种装有程序控制系统的自动化机床。数控机床加工之前,首先根据零件形状、尺寸、精度和表面粗糙度等技术要求制定加工工艺，选择加工参数；其次通过手工编程或利用计算机辅助制造（CAM）软件自动编程，将编好的加工程序通过输入/输出（I/O）装置输入到数控系统；然后数控系统对加工程序进行处理后，向伺服系统传送指令，同时向辅助控制装置发出指令；最后伺服系统向伺服电机发出控制信号，主轴电机使刀具旋转，X、Y和Z方向的伺服电机控制刀具和工件按一定的轨迹相对运动，从而实现对工件的切削加工；在整个加工过程中，反馈系统对数控机床的运动状态进行实时检测，并将检测结果传回数控系统，数控系统及时根据加工状态进行调整、补偿，保证加工质量。数控机床的工作原理框图如图1-8所示。

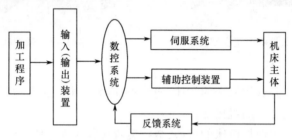

图1-8　数控机床的工作原理框图

1.1.2　数控车床简介

1. 数控车床的类型

数控车床是用于完成车削加工的数控机床。数控车床品种繁多，规格不一，可按如下方法进行分类。

1）按主轴位置分类

（1）卧式数控车床。又分为数控水平导轨卧式车床和数控倾斜导轨卧式车床。其倾斜导轨结构可以使车床具有更大的刚性，并易于排除切屑，如图1-9（a）所示。

（2）立式数控车床。简称为数控立车，其车床主轴垂直于水平面，有一个直径很大的圆形工作台，用来装夹工件。这类机床主要用于加工径向尺寸大、轴向尺寸相对较小的大型复杂零件，如图1-9（b）所示。

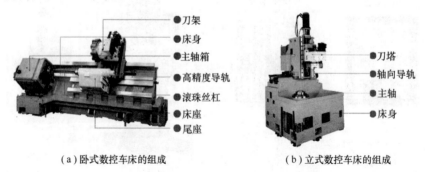

（a）卧式数控车床的组成　　　　　　（b）立式数控车床的组成

图1-9　按主轴位置分类的数控车床

2）按刀架数目分类

（1）单刀架数控车床。这类车床一般都配置有各种形式的单刀架，如四工位卧动转位刀架或多工位转塔式自动转位刀架，如图1-10（a）所示。

（2）双刀架数控车床。这类车床的双刀架配置平行分布，也可以是相互垂直分布，如图1-10(b)所示。

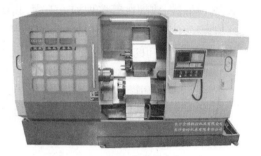

（a）单刀架数控车床　　　　　　　　　　（b）双刀架数控车床

图1-10　按刀架数目分类的数控车床

3）按功能分类

（1）经济型数控车床。其结构布局多数与普通车床相似，一般采用步进电动机（简称电机）驱动的开环伺服系统，采用单板机或单片机实现控制功能。显示多采用数码管或简单的阴极射线管（CRT）字符显示，如图1-11(a)所示。

（2）全功能数控车床。这种车床分辨率高，进给速度快（一般为15m/min以上），进给多数采用半闭环直流或交流伺服系统，机床精度也相对较高，采用CRT显示器，不但有字符，还有图形、人机对话、自诊断等功能，如图1-11(b)所示。

（a）经济型数控车床　　　　　　　　　　（b）全功能数控车床

（c）车削中心

图1-11　按功能分类的数控车床

(3) 车削中心。是以全功能型数控车床为主体,并配置刀库、换刀装置、分度装置、铣削动力头和机械手等,实现多工序的复合加工的机床。在一次装夹后,它可以完成回转类零件的车、铣、钻、铰、攻螺纹等多种加工工序,其功能全面,但价格较高,如图1-11(c)所示。

(4) FMC车床。实际上是一个由数控车床、机器人等构成的柔性加工单元,它能实现工件搬运与装卸的自动化及加工调整准备的自动化。

2. 数控车床的结构及技术参数

1) 数控车床的床身结构和导轨的布局

床身结构主要包括水平床身、倾斜床身、水平床身斜滑鞍及立床身等,布局形式如图1-12所示。

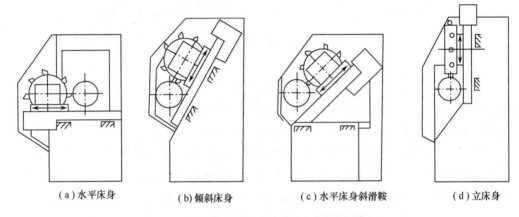

(a) 水平床身　　(b) 倾斜床身　　(c) 水平床身斜滑鞍　　(d) 立床身

图1-12　数控车床的床身结构与导轨布局形式

水平床身的工艺性好,便于导轨面的加工。水平床身配上水平放置的刀架,可提高刀架的运动精度,一般可用于大型数控车床或小型精密数控车床的布局。但是水平床身由于下部空间小,故排屑困难。从结构尺寸上看,刀架水平放置使得滑板横向尺寸较长,从而加大了机床宽度方向的结构尺寸。

水平床身配上倾斜放置的滑板,并配置倾斜式导轨防护罩,这种布局形式一方面有水平床身工艺性好的特点;另一方面机床宽度方向的尺寸较水平配置滑板小,且排屑方便。

水平床身配上倾斜放置的滑板和斜床身配置斜滑板布局形式被中、小型数控车床所普遍采用。这是由于此两种布局形式排屑容易,热铁屑不会堆积在导轨上,也便于安装自动排屑器;操作方便,易于安装机械手,以实现单机自动化;机床占地面积小,外形简洁、美观,容易实现封闭式防护。

倾斜床身多采用30°、45°、60°、75°和90°(称为立式床身)角,常用的有45°、60°和75°。

2) 主轴及刀架的布局

主轴一般有单主轴和双主轴两种,刀架一般有单刀架和双刀架两种,如图1-13所示。

3) 数控车床技术参数

数控车床的主要技术参数包括最大回转直径、最大车削长度、各坐标轴行程、主轴转速范围、切削进给速度范围、定位精度、重复定位精度等。主要技术参数指标与作用如表1-1所列。

(a)单主轴单刀架　　　　　(b)单主轴双刀架

(c)双主轴双刀架

图1-13　数控车床主轴及刀架布局

表1-1　技术参数指标与作用

类别	主要内容	作　用
尺寸参数	X、Z轴最大行程	影响加工工件的尺寸范围、编程范围及刀具、工件、机床之间干涉
	卡盘尺寸	
	最大回转直径	
	最大车削直径	
	顶尖座套筒移动距离	
	最大车削长度	
接口参数	刀位数,刀具装夹尺寸	影响工件及刀具安装
	主轴头形式	
	主轴孔及顶尖座锥度、直径	
运动参数	主轴转速范围	影响加工性能及编程参数
	刀架快速运动速度、切削进给速度范围	
动力参数	主轴电机功率	影响切削负荷
	伺服电机额定转矩	
精度参数	定位精度、重复定位精度	影响加工精度及其一致性
	刀架定位精度、重复定位精度	
其他参数	外形尺寸(长×宽×高)、重量	影响使用环境

CAK6140 卧式数控车床的部分参数如表1-2所列。

表1-2　CAK6140 卧式数控车床技术参数

项　目	单　位	规　格
床身最大回转直径	mm	φ400
最大工件长度	mm	890
最大车削直径	mm	φ400
最大车削长度	mm	850
滑板最大回转直径	mm	φ200
卡盘直径(手动)	mm	φ250
主轴端部型及代号		A6
主轴通孔直径	mm	φ53
主轴孔通过棒料	mm	φ48
主轴转数	r/min	200~2000
变频主电机功率	kW	7.5
X轴电机转矩	N·m	4
Z轴电机转矩	N·m	6
Z轴滚珠丝杠直径与螺距	mm	φ40×6
Z轴行程	mm	1000
X轴行程	mm	220
快速移动	m/min	7.6
刀方尺寸	mm	20×20
刀架重复定位精度	mm	0.005

3. 数控车床型号编写与识别

1）机床型号的编制

按照 GB/T 15375—94《金属切削机床型号编制方法》规定，我国的机床型号由汉语拼音字母和阿拉伯数字按一定规律组合而成。图1-14 所示为机床型号编制标准。

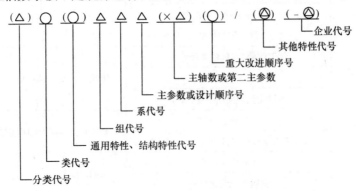

图1-14　机床型号编制标准

图中：

① 有"( )"的代号或数字，当无内容时则不表示，若有内容则不带括号；

② 有"○"符号者,为大写的汉语拼音字母;

③ 有"△"符号者,为阿拉伯数字;

④ 有"◎"符号者,为大写的汉语拼音字母,或阿拉伯数字,或两者兼有之。

在整个型号规定中,最重要的是类代号、组代号、主参数以及通用特性代号和结构特性代号。机床类代号及通用特性代号如表1-3、表1-4所列。

(1) 机床的类代号,如表1-3所示。

表1-3 机床类代号

类别	车床	钻床	镗床	磨床			齿轮加工机床	螺纹加工机床	铣床	刨插床	拉床	锯床	其他机床
代号	C	Z	T	M	2M	3M	Y	S	X	B	L	G	Q
读音	车	钻	镗	磨	二磨	三磨	牙	丝	铣	刨	拉	割	其他

(2) 特性代号。

① 通用特性代号。机床通用特性代号如表1-4所列。

表1-4 机床通用特性代号

通用特性	高精度	精密	自动	半自动	数控	加工中心(自动换刀)	仿形	轻型	加重型	简式或经济型	柔性加工单元	数显	高速
代号	G	M	Z	B	K	H	F	Q	C	J	R	X	S
读音	高	密	自	半	控	换	仿	轻	重	简	柔	显	速

② 结构特性代号。对主参数相同,但结构、性能不同的机床,用结构特性代号予以区分,如A、D、E等。

(3) 机床的组系代号。同类机床因用途、性能、结构相近或有派生而分为若干组,如表1-5所列。

表1-5 车床类、组划分表

组别\类别	0	1	2	3	4	5	6	7	8	9
车床 C	仪表车床	单轴自动车床	多轴自动半自动车床	回轮转塔车床	曲轴及凸轮轴车床	立式车床	落地及卧式车床	仿形及多刀车床	轮轴辊锭及铲齿车床	其他车床

2) 机床型号的识别

在此举例说明机床型号的识别方法。

例如:C6:落地及卧式车床

C5:立式车床

C51:单柱立式车床

C52:双柱立式车床

例如:CA6140

C:车床(类代号)

A:结构特性代号

6:组代号(落地及卧式车床)

9

1：系代号(卧式车床系)

40：主参数(表示加工最大回转直径的1/10,即最大加工件回转直径 $\phi 400mm$)

1.2 数控车床坐标系

在数控机床上,机床的动作是由数控系统来控制的,为了确定数控机床上的成型运动和辅助运动,必须先确定机床上运动的距离和运动的方向,这就需要通过坐标系实现。因此,要进行数控编程与操作的首要任务就是确定机床的坐标系。

1. 机床坐标系

在数控机床上加工零件时机床动作是由数控系统发出的指令来控制的。为了确定机床的运动方向和移动距离,就要在机床上建立一个坐标系,这个坐标系就称为机床坐标系,也称为标准坐标系。机床坐标系是机床上固有的,用来确定工件坐标系的基本坐标系。

1) 机床坐标系的确定原则

(1) 右手笛卡儿坐标系原则。数控机床的坐标系采用右手笛卡儿坐标系。如图1-15(a)所示,三根手指自然伸开、相互垂直,大拇指的方向为 X 轴正方向,食指的方向为 Y 轴正方向,中指的方向为 Z 轴正方向;在图1-15(b)中,规定了旋转轴 A、B、C 轴的转动正方向。

(2) 刀具相对于静止工件运动原则。在确定机床坐标系的运动方式时假定刀具相对于静止的工件而运动的原则,即工件不动,刀具运动。这一原则使编程人员能在不知道是刀具移近工件还是工件移近刀具的情况下,就可依据零件图样,确定机床的加工过程。

(3) 运动方向判断原则。数控机床的某一部件运动的正方向,均以增大工件和刀具间距离的方向为正方向,即刀具远离工件的方向为正方向。

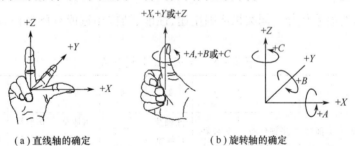

(a) 直线轴的确定　　　　　(b) 旋转轴的确定

图1-15 右手笛卡儿坐标系

2) 机床坐标系的确定方法

数控车床的机床坐标系方向如图1-16和图1-17所示,确定方法如下:

(1) Z 坐标。Z 坐标的运动是由传递切削动力的主轴所规定的。对于车床、磨床和其他成型表面的机床,由主轴带动工件旋转,故车床主轴为 Z 坐标,正方向为刀具远离工件的方向。

(2) X 坐标。X 坐标一般是水平的,它平行于工件的装夹平面。这是刀具或工件定位平面内运动的主要坐标。如工件旋转的车床,X 坐标的方向是在工件的径向上,且平行于横向滑板,以刀具离开工件旋转中心的方向为正方向。

(3) 旋转轴。旋转运动 A、B、C 表示其相对应轴线平行于 X、Y、Z 坐标轴的旋转运动。

A、B、C 轴的正方向,相应地表示在 X、Y、Z 坐标正方向上按照右旋旋进的方向,如图 1-15(b)所示。

图 1-16、图 1-17 是两种代表性的数控车床坐标简图。图中字母表示运动的坐标,箭头表示正方向。当考虑刀具移动时,用不加"'"的字母表示运动的正方向;当考虑工件移动时,则用加"'"字母表示。加"'"与未加"'"的字母所表示的运动方向正好相反。对于使用者,机床运动的坐标可在机床的使用说明书上找到。不少数控机床还用标牌将运动的坐标标注在机床显著位置。

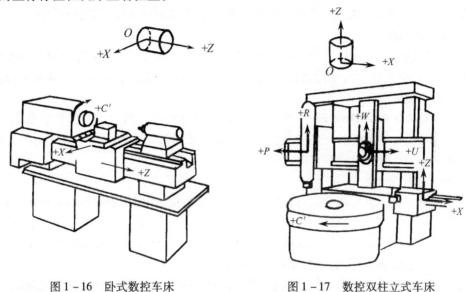

图 1-16　卧式数控车床　　　　图 1-17　数控双柱立式车床

2. 机床原点、机床参考点

在确定了机床各坐标轴及方向后,还应进一步确定坐标系原点的位置。

(1) 机床原点。机床原点(也称为机床零点)是机床上设置的一个固定点,用以确定机床坐标系的原点。它在机床装配、调试时就已设置好,一般情况下不允许用户进行更改。机床原点又是数控机床加工运动的基准参考点,在数控车床上,机床原点一般取在卡盘端面与主轴中心线的交点处,如图 1-18(a)中 O_1 点即为机床原点;也有取在远离工件的极限点处。

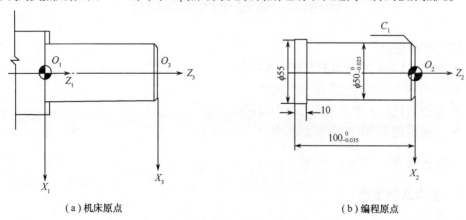

(a) 机床原点　　　　　　　　　　(b) 编程原点

图 1-18　机床原点与编程原点

11

(2) 机床参考点。机床参考点是数控机床上一个特殊位置的点,通常在该点上进行换刀或设定机床坐标系。大多数数控车床通电后,必须先进行返回参考点操作,用以建立机床坐标系。机床参考点与机床原点的距离由系统参数设定。如果其值为零,则表示机床参考点与机床原点重合,则机床开机返回机床参考点(回零)后显示的机床坐标系的值为零;如果其值不为零,则机床开机回参考点后显示的机床坐标系的值即是系统参数中设定的距离值。

开机回参考点的目的就是为了建立机床坐标系,并确定机床坐标系的原点。该坐标系一经建立,只要机床不断电,将永远保持不变,并且不能通过编程对它进行修改。

3. 编程坐标系

(1) 编程原点。即编程坐标系的原点,它是编制加工程序时进行数据计算的基准点,如图 1-18(b) 中的 O_2 点。编程原点应尽量选择在零件的设计基准或工艺基准上,并考虑到编程的方便性。

(2) 编程坐标系。当编程原点确定后,编程坐标系便随之确定。编程坐标系中各轴的方向应该与所使用数控机床相应的坐标轴方向一致,如图 1-18(b) 中 O_2 坐标系应与图 1-18(a) 中 O_1 机床坐标系方向一致。

4. 加工坐标系

(1) 加工原点。也称程序原点,是指零件被装夹好后,相应的编程原点在机床坐标系中的位置。在加工过程中,数控机床是按照工件装卡好后的加工原点及程序要求进行自动加工的。加工原点如图 1-18(a) 中的 O_3 所示。加工坐标系原点在机床坐标系下的坐标值 X_3、Z_3,即为系统需要设定的加工原点设置值。

(2) 加工坐标系。也称工件坐标系,当加工原点确定后,加工坐标系便随之确定。加工坐标系的各坐标轴方向与编程坐标系各坐标轴方向相同。

因此,编程人员在编制程序时,只要根据零件图样确定编程原点,建立编程坐标系,计算坐标数值,而不必考虑工件毛坯装卡的实际位置。对加工人员来说,则应在装卡工件、调试程序时,确定加工原点的位置,并在数控系统中给予设定(给出原点设定值),这样数控机床才能按照准确的加工坐标系位置开始加工。

任务二　数控车床基本操作

知识与技能点
- 掌握 FANUC 系统数控车床基本操作;
- 掌握华中系统数控车床基本操作;
- 掌握数控加工仿真系统的基本操作;
- 了解数控车床的日常维护知识。

2.1　安全教育

2.1.1　安全文明生产

1. 概念

安全生产:是指在生产中,保证设备和人身不受伤害。

进行安全教育、提高安全意识、做好安全防护工作是生产的前提和重要保障。如：进入车间要穿工作服，袖口要扎紧，不准穿高跟鞋、凉鞋，要戴安全帽，女生要把长发盘在帽子里，操作时站立位置要避开铁屑飞溅的地方等。

文明生产：是指在生产中，设备和工量刃辅具的正常使用，并保持设备、工量刃辅具及场地的清洁和有序。

设备和工量刃辅具要按照其正常的使用功用和使用方法使用，不能移作它用，不能超出使用范围。还要注意量具的零配件、附件不要丢失、损坏；机床使用前应按照规范进行润滑等。

要保持设备、工量刃辅具和场地的清洁。时常用干净的棉纱擦拭双手，擦拭操作面板、工具量具刃具辅具，经常用铁屑钩子或毛刷清理导轨和拖板上的铁屑。下班后按照规范将机床、地面清扫干净。

保持设备、工量刃辅具和场地的有序。工量刃辅具的摆放要规范，使用完毕后放回原处。下班后将工量刃辅具擦拭干净，放入工具箱中。

作好交接班工作，下班时填写交接班记录并锁好工具箱门。对于公用或借用物品要及时归还。在批量生产中，毛坯零件、已加工零件、合格零件和不合格零件要按照规定的区域分开放置。

安全生产和文明生产合称安全文明生产，对于安全文明生产的操作规范称为安全文明操作规程。对于每一种机床都有相应的安全文明操作规程来具体规定相应的安全文明操作要求。

2. 意义

保证人身和设备的安全；保证设备、工量刃辅具必备的精度和性能，以及足够的使用寿命。

3. 要求

（1）牢固树立安全文明生产的意识。明确数控加工的危险性，如不遵守安全操作规程，就有可能发生人身或设备安全事故；如不遵守文明操作规程，野蛮生产，就会影响设备、工量刃辅具的使用性能和精度，大大降低使用寿命。要理解安全操作规程的实质，善于总结操作经验和教训，培养安全文明生产意识。

（2）严格按照操作规程操作设备，养成良好的操作习惯。良好的操作习惯不仅能够提高生产效率，获得较好的经济效益，而且还能最大程度地避免安全事故的发生。

2.1.2　数控车床安全操作规程

（1）操作数控机床之前应熟悉数控机床的操作说明书，听从安排，严格按操作规程操作。

（2）开机前，应检查数控机床各部分机构是否完好，各按钮是否能自动复位。

（3）严禁戴手套上机床操作，女生务必戴安全帽；操作过程中应避免身体与机床（如电器柜等）接触，以防触电；参观者必须与加工区域保持一定的安全距离。

（4）严格遵守先开线路总电源，再开机床强电电源，待系统自检完毕后旋开急停按钮。

（5）开机后机床首先返回参考点。返回参考点时应先回 $+X$ 轴，待 $+X$ 轴返回参考点后再返回 $+Z$ 轴。离开参考点时应先移动 $-Z$ 轴至安全位置再移动 $-X$ 轴，以防刀架与尾座发生碰撞。

（6）不允许在卡盘及床身上敲击校正；工具、工件、毛坯放在指定位置，不允许随便乱放，更不允许放在床身上。

（7）车削铸铁或气割下料的工件时，要擦去导轨上的润滑油，工件上的型砂杂质应除净。

（8）使用冷却液时，要在导轨上涂润滑油。

（9）车床换刀时，必须远离卡盘和工件，以免发生碰撞；装夹工件与刀具时按下急停按钮。

（10）机床工作时，人不许离开。人要离开必须切断电源，待机床完全停止运行后方可离开。

（11）加工时精力集中，出现问题应立即按下机床的急停开关，并向实习老师报告。操作过程中出现任何异常问题，都应及时向实习老师反映。

（12）爱护量具，保持量具的清洁，用后擦净、涂油，放入盒内；若有缺损，应及时向实习老师反映。

（13）实习时保持机床和周边环境清洁，每天用后必须清理机床和打扫卫生；搞卫生时严禁用湿棉纱及其他带水物件擦拭或接触机床。

（14）关机前 X 轴、Z 轴返回参考点附近；组长清点工量具并向老师交回。

（15）关机时先压下急停开关，再关机床电源。

2.2　FANUC 系统车床基本操作

2.2.1　系统面板介绍

由于数控机床的生产厂家众多，同一系统数控机床的操作面板可能各不相同，但其系统功能相同，因此操作方法也基本相似。现以沈阳第一机床厂生产的 CAK6140VA 卧式数控车床（FANUC 0i Mate-TC 数控系统）为例说明面板上各按钮的功能。

FANUC 0i Mate-TC 数控车床面板如图 1-19 所示，总体上由两块区域组成，其中上方区域为 MDI 键盘区，下方区域为机床控制面板区。

MDI 键盘主要用于实现机床工作状态显示、程序编辑、参数输入等功能，主要分为 MDI 功能键区和显示区。本书中用加□的字母或文字表示 MDI 功能按键，如 PROG 、 POS 等。用加［　］的字母或文字表示显示区下方的软功能键，如［程序］、［工件系］等。

机床控制面板区域内的按钮/旋钮为机床厂家自定义功能键，本书用加 " " 的字母或文字表示，如 "MDI" "限位解除" 等。

1. MDI 键盘

FANUC 0i Mate-TC 数控系统的 MDI 键盘如图 1-20 所示，分为显示区（左半部分）和功能键区（右半部分）两部分。

1) 各按键功能

MDI 键盘各按键功能如表 1-6 所列。

2) 显示区布局

显示区的显示内容随着功能状态选择的不同而各不相同。在此以 "编辑" 状态下的程序管理界面为例介绍显示区的布局及显示内容，如图 1-21 所示。

模块一　认识与操作数控车床

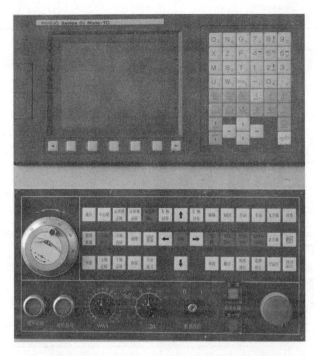

图 1-19　FANUC 0i Mate-TC 数控车床面板

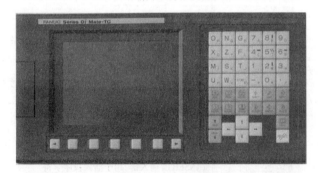

图 1-20　MDI 键盘

表 1-6　MDI 键盘各功能键

功能方向	MDI 功能键	功　　能
显示功能键	POS	(POS)机床位置界面
	PROG	(PROG)程序管理界面
	OFS/SET	(OFFSET SETTING)补偿设置界面
	SYSTEM	(SYSTEM)系统参数界面

15

（续）

功能方向	MDI 功能键	功能
显示功能键	MESSAGE	(MESSAGE)报警信息界面
	CSTM/GR	(COSTOM GRAPH)图形模拟界面
地址数字键	（字符数字键）	实现字符的输入,选择 SHIFT 键后再选择字符键,将输入右下角的字符。例如:选择 O_P 将在液晶显示器(LCD)的光标所处位置输入"O"字符,选择 SHIFT 键后再选择 O_P 将在光标所处位置处输入 P 字符;字符键中的"EOB"将输入";"号,表示换行结束
编辑键	SHIFT	(SHIFT)上挡键,用于输入上挡字符或与其他键配合使用
	CAN	(CAN)删除键,用于删除缓存区中的单个字符
	INPUT	(INPUT)输入键,用于输入补偿设置参数或系统参数
	ALTER	(ALTER)替换键,用于程序字符的替换
	INSERT	(INSERT)插入键,用于插入程序字符
	DELETE	(DELETE)删除键,用于删除程序字、程序段及整个程序
翻页键	PAGE↑ PAGE↓	翻页键,用于在屏幕上向前或向后翻页
光标移动键	← ↑ → ↓	光标键,用于将光标向箭头所指的方向移动
帮助键	HELP	(HELP)帮助键,用于显示系统操作帮助信息
复位键	RESET	(RESET)复位键,用于使机床复位
操作选择软键	◀ ▬ ▶	位于显示屏下方,用于屏幕显示的软键功能选择

模块一　认识与操作数控车床

```
①　程式                    O0120 N00000
    O0120 ;
    T0202 ;
    G98 ;
    M03 S400 ;
    G0 X30 ;
    Z5 ;
    G01 Z-22 F100 ;
    X21 F30 ;
    X30 F500 ;

②  )G00Z200.;^               S    0 T0000  ③
④  EDIT **** *** ***      10:28:38
    [BG-EDT][O检索 ][检索↓][检索↑][REWIND]  ⑤
```

图 1-21　显示区

显示区中的各显示内容如表 1-7 所列。

表 1-7　显示区显示内容

编　号	显　示　内　容
①	主显示区,该区域显示各功能界面,如机床位置界面、程序管理界面等
②	缓存区,该区域为系统接收输入信息的临时存储区。当需要输入程序及参数时,当选择 MDI 键盘上的字符时,该字符首先被输入到缓存区,再按下 INSERT 或 INPUT 键后才被输入到主显示区中
③	主轴状态及刀具状态显示区,该区域显示主轴转速及当前刀位上的刀具
④	工作状态显示区,该区域显示当前机床的工作状态,如"编辑"(EDIT)状态、"自动"(MEM)状态、"报警"(ALM)状态、系统当前时间等
⑤	软功能显示区,该区域显示与当前工作状态相对应的软功能,通过显示器下方的操作选择软键进行选择

3) 各显示界面

(1) 机床位置界面。该界面的显示内容与机床工作状态的选择有关,在不同的工作状态其显示内容不尽相同。

当机床工作状态为"自动"时,选择 POS 功能键进入机床位置界面,单击菜单软键[相对]、[绝对]、[综合],显示界面将对应显示相对坐标、绝对坐标、综合坐标,如图 1-22 所示。

(a) 相对坐标界面　　　　　(b) 绝对坐标界面　　　　　(c) 综合坐标界面

图 1-22　机床位置界面

17

① 相对坐标界面。相对坐标中的坐标值可在任意位置归零或预设为任意数值,该功能可用于测量数据、对刀、手工切削工件等方面。

数控车床的相对坐标采用 U、W 表示,U 表示 X 轴的相对坐标值,W 表示 Z 轴的相对坐标值。若需将当前某坐标值归零,则输入该坐标轴后按菜单软键[归零]完成该操作;若需预设某坐标值,则先输入坐标轴及预设数值(如"U-100."),按菜单软键[预置]完成该操作。

例1.1 将当前的 Z 坐标(W)值归零。方法为:通过字符键输入 W,按菜单软键[归零]完成该操作。

② 绝对坐标界面。当机床工作状态为"自动运行"时,该坐标系显示数据与编程的坐标数据相同,可通过其检查程序路线与刀具轨迹是否一致。

③ 综合坐标界面。在该界面下,可同时显示相对坐标、绝对坐标及机床坐标,将机床的工作状态调节为"自动运行"时,该界面同时显示"待走量"坐标数据。

(2)程序管理界面。该界面显示内容与机床工作状态的选择有关,在不同的工作状态其显示内容不尽相同。

当机床工作状态为"编辑"时,选择 PROG 功能键进入程序管理界面,选择菜单软键[DIR],将列出系统中所有的程序,如图1-23(a)所示;选择菜单软键[程序]或复选 PROG,将显示当前正在编辑的程序,如图1-23(b)所示;当机床工作状态调节为"自动运行"时,将显示程序检查界面,如图1-23(c)所示。

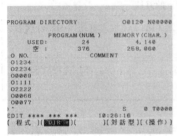
(a)程序列表界面

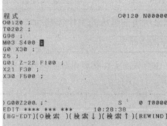
(b)当前程序界面

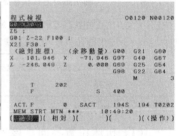
(c)程序检查界面

图1-23 程序管理界面

(3)补偿设置界面。选择 功能键进入补偿设置界面,包含三个方面:工件坐标系(G54~G59工件原点偏移值设定)、补正(设置刀具补偿参数)、设定(参数输入开关等设置)。

① 工件坐标系设置。选择菜单软键[坐标系],进入工件坐标系设置界面,该界面可以用于设置对刀参数,如图1-24(a)所示。

② 补正设置。选择菜单软键[补正],进入补偿参数设置界面,该界面主要用于设置刀具补偿参数,数控车床上也用于设置对刀参数,如图1-24(b)所示。

③ 设定。在该界面中可对系统参数写入状态、I/O通道等进行设置,如图1-24(c)所示。

(4)报警信息界面。选择 MESSAGE 功能键进入报警信息界面,如图1-25所示。该界面可显示机床报警信息及操作提示信息,操作者可根据信息内容排除报警,或按照操作提示信息进行操作。

模块一　认识与操作数控车床

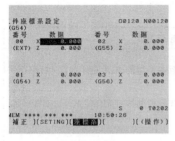 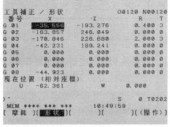 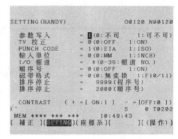

（a）工件坐标系位置　　　　　（b）补正设置　　　　　（c）设定

图 1-24　补偿设置界面

当机床有报警产生时，LCD 下方将显示报警（"ALARM"字样闪烁），在该界面下，通过选择功能软键[报警]及[组号]查询相关信息，也可选择[履历]查询报警信息的历史记录。

（5）图形模拟界面。选择 COSTOM GRAPH 功能键进入图形模拟界面，该界面用于校验程序时模拟显示刀具路线图。选择功能软键[参数]，设置图形模拟时的图形参数；选择功能软键[图形]，观察刀具路线图，确认程序是否正确。图形模拟界面如图 1-26 所示。

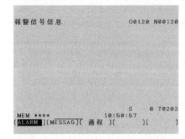 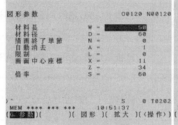 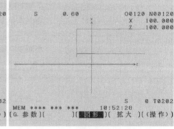

　　　　　　　　　　　　　　　（a）图形参数设置界面　　（b）刀具路线模拟界面

图 1-25　报警信息界面　　　　图 1-26　图形模拟界面

（6）帮助界面。选择 MDI 键盘上的 HELP 功能键，进入数控系统帮助界面，在此界面可以通过相应的软功能键（如[报警]等）查询相关内容的帮助详述、系统操作方法及参数信息。

2. 控制面板

FANUC 0i Mate - TC 数控车床的控制面板如图 1-27 所示，表 1-8 中列出了该控制面板上各按钮的名称及功能。

图 1-27　FANUC 0i Mate - TC 数控车床控制面板

19

表 1-8 控制面板按钮说明

功能方向	按钮	名称	功能说明
工作状态选择	回零	回参考点	机床初次上电后,必须首先执行回参考点操作,然后才可以运行程序
	手动	手动	机床处于手动连续进给状态,与坐标控制按钮配合使用可以实现坐标轴的连续移动
	X手摇	X手摇(手轮)	选中"X手摇"或"Z手摇"按钮,指示灯亮,机床处于X轴或Z轴手摇进给操作状态,操作者可通过手轮控制刀架X轴或Z轴坐标运动,其速度快慢可由"×1、×10、×100、×1000"四个键调节
	Z手摇	Z手摇(手轮)	
	MDI	手动数据输入	此状态下,系统进入MDI状态,手工输入简短指令,按"循环启动"按钮执行指令
	编辑	编辑	此状态下,系统进入程序编辑状态,可对程序数据进行编辑
	X轴回零	X轴回零指示灯	该指示灯亮,表示X轴已返回零点
	Z轴回零	Z轴回零指示灯	该指示灯亮,表示Z轴已返回零点
程序运行方式选择	自动	自动运行	此状态下,按"循环启动"按钮可执行加工程序
	单段	单段	在自动运行状态下,此按钮选中时,程序在执行完当前段后停止,按下"循环启动"按钮执行下一程序段,下一程序段执行完毕后又停止
	跳步	程序跳步	此按钮被按下后,数控程序中的跳步指令"/"有效,执行程序时,跳过"/"所在行程序段,执行后续程序
	选择停止	选择停止	此按钮被选中后,自动运行程序时在包含"M01"指令的程序段后停止,按下"循环启动"按钮继续运行后续程序
	空运行	空运行(DRY RUN)	此按钮被选中后,执行运动指令时,按系统设定的最大移动速度移动,通常用于程序效验,不能进行切削加工
	机床锁住	机床锁住	此按钮被按下后,机床进给运动被锁住,但主轴转动不能被锁住
辅助控制选择	手动选刀	手持单元选择	与"手轮"按钮配合使用,用于选择手轮方式
	冷却	冷却液	按下此按钮,冷却液打开;复选此按钮,冷却液关闭
	润滑	手动润滑	按下此按钮,机床润滑电机工作,给机床各部分润滑;松开此按钮,润滑结束;一般不用该功能
	主轴正转	主轴正转	在"手动"状态按下此按钮,将使主轴正转

（续）

功能方向	按钮	名称	功能说明
辅助控制选择		主轴反转	在"手动"状态按下此按钮,将使主轴反转
		主轴点动	在"手动"状态下,点按此按钮,主轴低速旋转数圈后停止
		主轴反转	在"手动"状态按下此按钮,将使主轴停止运转
自动循环状态选择		进给保持	此按钮被按下后,正在运行的程序及坐标运动处于暂停状态(但主轴转动、冷却状态保持不变),再按"循环启动"按钮后恢复自动运行状态
		"循环启动"按钮	程序运行开始;当系统处于"自动运行"或"MDI"状态时按下此按钮,系统执行程序,机床开始动作
坐标控制		增量倍率	采用"X手摇"或"Z手摇"方式移动坐标轴时,可通过此按钮选择增量步长;×1 = 0.001mm、×10 = 0.01mm、×100 = 0.1mm、×1000 = 1mm
		"坐标轴移动"按钮	在"手动"状态下,按下该按钮使所选轴产生箭头所指方向移动;"↓"为X轴正方向,"→"为Z轴正方向,"←"为Z轴负方向,"↑"为X轴负方向;在"回零"状态时,按下"↓""→"按钮将使X轴和Z轴回零
		"快速"按钮	同时按下该按钮及"坐标移动"按钮,将进入手动快速运动状态
急停		"急停"按钮	按下"急停"按钮,使机床立即停止运行,并且所有的输出(如主轴的转动等)都会关闭。该按钮在紧急情况或关机时使用
倍率修调		进给倍率修调旋钮	进给倍率(FEED RATE OVERRIDE)用于调节进给/快速运动倍率(0% ~120%)
		主轴倍率倍率修调旋钮	主轴倍率(SPINDLE SPEED OVERRIDE)用于调节主轴旋转倍率(50% ~120%)
系统电源		系统电源开/关	用于打开(ON)或关闭(OFF)系统电源
写保护		写保护开关	程序是否可以编辑的保护开关,当置于"I"时打开写保护,置于"O"时关闭写保护

2.2.2 基本操作

1. 开关机

（1）开机。在开机前,应按照数控车床安全操作规程的要求,对机床各部位进行检查并确保正确,开机顺序为(图 1-28)：① 打开机床电源；② 打开系统电源,系统自检；③ 系统自检完毕后,旋开急停开关并复位。

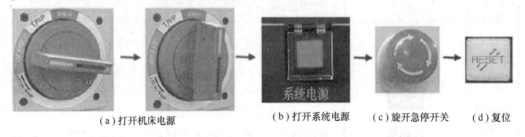

(a) 打开机床电源　　(b) 打开系统电源　　(c) 旋开急停开关　　(d) 复位

图 1-28　开机顺序

（2）关机。关机前应将刀架(X 轴、Z 轴)放于机床尾座附近,将进给倍率修调旋钮置零,按以下顺序关机：① 按下急停开关；② 关闭系统电源；③ 关闭机床电源。

2. 回参考点

在数控机床开机后,应首先进行手动回参考点操作。为保证安全,通常先回 X 轴,再回 Z 轴。

（1）将系统显示切换为综合坐标界面。

（2）将工作状态选择为 [回零] 。

（3）依次选择机床控制面板上的坐标移动按钮 [↓] 及 [→] ,分别使 X 轴与 Z 轴回零。

说明：(1) 回参考点前应清理并确保行程开关附近无杂物,以免发生回参考点位置错误。

（2）回参考点前应确认各坐标轴远离坐标零点(建议各坐标轴数值应在 -40mm 以上),否则在回参考点的过程中容易发生超程或碰撞。如图 1-29 所示为易发生碰撞的部位。

图 1-29　易发生碰撞部位

（3）回参考点后坐标界面中的"机床坐标"数值为零,同时各坐标轴回零指示灯点亮。

（4）完成回参考点后应及时退出参考点,将刀架移至导轨中间位置。为保证安全,通

常先退 $-Z$,再退 $-X$。

操作方法:首先将工作状态选择为"手动",然后选择 Z 坐标轴移动按钮 ← 使 Z 轴移动至中间位置,再选择 X 坐标轴移动按钮 ↑ 使 X 轴移动至中间位置。

(5)在回参考点及退出参考点的过程中可通过"进给倍率修调旋钮"调节坐标轴的运动速度。

(6)当遇到以下几种情况时必须回参考点:①首次打开机床;②发生坐标轴超程报警,解除报警后;③"机床锁住"功能使用结束后;④发生撞机等事故并排除故障后。

3. 坐标轴移动

坐标轴的移动一般采用手轮或手动功能实现,现将两种功能介绍如下。

1) 手轮操作

在数控机床对刀操作或进行坐标轴移动操作时,手轮使用非常普遍,能够很方便地控制机床坐标轴的运动。如图 1-30 所示为数控车床的手轮,手轮上的正负号为旋转手轮时的坐标轴移动方向,即顺时针旋转手轮时坐标轴向正方向移动,反之坐标轴向负方向移动。

操作步骤如下:

(1)选中机床控制面板上的 或 按钮,使所需移动的坐标轴手轮控制生效。

(2)通过机床控制面板上的"增量倍率"按钮选择适当的增量倍率($\times 1 / \times 10 / \times 100 / \times 1000$)。

(3)按所需移动的方向(如负方向)逆时针旋转手轮移动坐标轴,旋转速度快慢可以控制坐标轴的移动速度。

图 1-30 手轮

说明:

(1)当不需要使用手轮时,建议将工作状态切换为"编辑",增量倍率切换为"×1",以确保安全。

(2)使用手轮移动坐标轴时应特别注意手轮旋向与坐标运动方向的关系,否则很容易出现撞刀等事故;在移动坐标轴时要注意观察显示屏上的"机床坐标"数值,以避免超程。

2) 手动操作

选择机床控制面板上的 按钮,将工作状态切换为"手动"。该状态下可进行坐标轴移动、主轴启动/停止、换刀等操作。

(1)坐标轴移动操作:

① 按下坐标轴移动方向按钮"↓"/"↑"/"←"/"→",相应坐标轴将产生移动;若同时按下"快移"及方向按钮,则相应的坐标轴将快速移动;

② 松开坐标轴移动方向按钮"↓"/"↑"/"←"/"→",坐标轴停止移动。

坐标轴移动速度可通过"进给倍率修调旋钮"调节。

(2)主轴启动/停止控制:

① 按下 或 按键,实现主轴正转或反转;

② 按下 [主轴停止] 按键,停止主轴转动,也可选择 [RESET] 功能键停止主轴。

主轴转速可通过"主轴倍率修调旋钮"调节。

(3) 解除超程。当某一坐标轴超程时,系统会报警并停止工作。解除超程的方法是先按下 [RESET] 功能键,再使用"手动"/"手轮"方式反方向将坐标轴移出超程区域,然后重新回零即可。

4. MDI 操作与程序编辑

1) MDI 操作

选择机床控制面板上的 [MDI] 按键,将工作状态切换为"MDI"。该状态下可执行通过 MDI 面板输入简短的程序语句,程序格式与一般程序格式相同。MDI 运行一般适用于简单的测试操作,其具体操作步骤如下:

(1) 选择 MDI 面板上的功能键 [程序],将显示调节为程序界面。
(2) 输入要执行的程序(若在程序段的结尾加上"M99"指令,则程序将循环执行)。
(3) 按下机床控制面板上的"循环启动"按钮,执行该程序。

说明:

(1) 数控机床初次上电后,若要使主轴转动,则必须在 MDI 状态下执行主轴转动指令方可启动主轴。
(2) 数控机床每次对刀前,为保证操作安全,必须在 MDI 状态下执行主轴转动指令来启动主轴,不可通过"手动"方式直接启动主轴。

例 1.2 在 MDI 状态下输入"M03 S500;",按下"循环启动"按钮后主轴以 500r/min 的转速正转。

2) 程序编辑

选择机床控制面板上的 [编辑] 键,进入编辑状态,按下 MDI 键盘上的程序键 [程序],将显示调节为程序界面。

(1) 新建程序。通过 MDI 键盘上的地址数字键输入新建程序名(如"O1234"),按下插入键 [插入] 即可创建新程序,程序名被输入程序窗口中。但新建的程序名称不能与系统中已有的程序名称相同,否则不能被创建。

当新建程序后,若需要继续输入程序,应依次选择 [EOB]、[INSERT] 键插入分号并换行,方可输入后续程序段,即程序名必须单独一行。

(2) 输入程序:

① 通过 MDI 键盘上的地址数字键输入程序段(如"G00 Z200.;");此时程序段被输入至缓存区。

② 依次选择功能键 [EOB]、[INSERT],将缓存区中的程序段输入程序窗口中并换行,缓存区中的程序如图 1-31 所示。

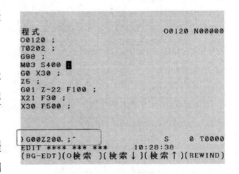

图 1-31 程序段输入

③ 重复步骤①②输入后续程序。

（3）调用程序。

调用系统存储的程序：

① 通过 MDI 键盘上的地址数字键输入需要查找的程序名至缓存区（如"O1010"）。

② 选择 MDI 键盘上的 →/↓，或选择软功能键[O 检索]将程序调至当前程序窗口中。

查找程序语句：

① 查找当前程序中的某一段程序。输入需要查找的程序段顺序号（如"N90"），选择 MDI 键盘上的 →/↓，或选择软功能键[检索↓]，光标将跳至被搜索的程序段顺序号处。

② 查找当前程序中的某个语句。输入需要查找的指令语句（如"Z - 2.0"），选择 MDI 键盘上的 →/↓，或选择软功能键[检索↓]，光标将跳至被搜索的语句处。

（4）修改程序。

① 插入语句：将光标移动至插入点后输入新语句，选择插入键 将其插入至程序中。

② 删除语句：将光标移动至目标语句，选择 删除功能键将其删除。当需要删除缓存区内的语句时，可选择 功能键逐字删除。

③ 替换语句：将光标移动至需被替换的语句处，输入新语句后选择 替换功能键，原有语句被替换为新语句。

（5）删除程序。输入需要删除的程序名，选择 删除功能键，删除该程序。若被删除的程序为当前正在加工的程序，则该程序不能被删除。

5. 工件装夹

装夹工件时，要注意以下几个方面：

（1）若工件外表面有杂质，应去除干净之后方可装夹。

（2）工件伸出卡爪外部分必须略长于加工的最大长度，以免加工时刀具与卡爪发生碰撞。

（3）工件装入卡爪内被夹持的部分应比较规整、无较大缺陷。

（4）在夹紧工件时，三爪卡盘的三个方向必须全部旋紧，如图 1 - 32(a)所示。

（5）装夹工件时应根据具体加工要求选择是否使用软铜皮包裹装夹，以免夹伤工件（图 1 - 32(b)），以及对工件进行校正操作。

注意：在安装或卸下刀具、工件前，必须确保机床完全停止运行，其他人不允许操作机床面板。在安装刀具及工件之后，应随手将刀架扳手与卡盘扳手取出，放在指定位置，以免造成事故。

6. 刀具的安装

在装夹刀具之前，首先要检查刀具是否完好无损，其次才能进行装刀操作，装刀的注意事项主要有以下三方面内容。

（1）刀具伸出刀架端面的长度与被加工工件的轮廓有关，在保证加工的前提下，尽量

(a) 夹紧工件　　　　　　　　　　(b) 包裹软铜皮装夹

图1-32　装夹工件

伸出得短一些,以保证足够的刚性,如图1-33(a)所示。

(2) 刀具的主切削刃要偏离X方向一定角度,一般刀尖向-Z方向倾斜3°~5°,以保证在切削垂直台阶时,刀尖先于切削刃接触工件,减少切削碰撞,有利于轮廓成形,如图1-33(b)所示。

(3) 刀尖应与工件回转轴心重合,或略高于回转轴心,如图1-33(c)所示。

(a) 刀具长度　　　　　(b) 切削刃角度　　　　　(c) 刀尖高度

图1-33　装刀注意事项

7. 对刀及其参数输入

1) 对刀原理

零件的数控加工编程与实际机床加工是分开进行的。数控编程员根据零件的设计图纸,选定一个方便编程的点确定为编程原点,从而建立起编程坐标系,并以该编程原点为基准点进行程序的编制。当对应的工件装夹在机床上后,其编程原点在机床中就会有自己的坐标位置(此时该工件上的编程原点称为加工原点,编程坐标系称为加工坐标系)。数控机床的运动是数控系统以机床原点为基准点来控制各个坐标轴的,为了让程序中的各坐标值与机床的坐标值联系起来,就需要进行对刀操作。

对刀的目的就是通过一定的方法找到加工原点在机床坐标系中的坐标位置。

2) 对刀方法

对刀的方法很多,但常用的还是试切对刀法。下面就试切对刀的具体方法进行讲解。

(1) 编程原点在工件右端面中心的对刀方法。

① Z坐标值的确定。当刀具刀尖与毛坯端面靠齐时,刀尖的位置便是毛坯端面的Z

坐标值,但为了让刀具刀尖准确地靠上毛坯端面,需要对毛坯进行试切,即用刀具车削一部分端面。如图1-34所示,刀具沿-X方向试切毛坯端面,沿+X方向退刀,得到试切端面A,则编程原点O(加工原点)在机床坐标系下的Z坐标值如式(1-1)。此时刀尖与右端面贴合紧密,D_A为零,则把该方向上机床坐标系的Z值记为Z方向的对刀值,即

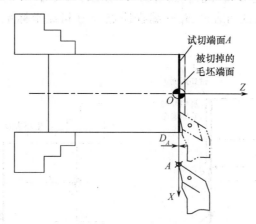

图1-34 右端面为编程原点的Z轴对刀示意图

$$Z_o = Z_A - D_A \qquad (1-1)$$

式中:Z_o为编程原点O的Z坐标值(机床坐标);Z_A为刀具试切端面后的Z坐标值(机床坐标);D_A为A表面与编程原点O之间在Z轴方向上的距离。

② X坐标值的确定。先找到毛坯某一外圆柱面的X坐标值,再测得该圆柱直径,通过计算得出回转轴心的X坐标值。如图1-35所示,刀具沿-Z方向试切毛坯外圆柱面,沿+Z方向退刀,得到试切表面B,则编程原点O在机床坐标系下的X坐标值为

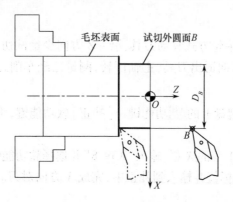

图1-35 右端面为编程原点的X轴对刀示意图

$$X_o = X_B - D_B \qquad (1-2)$$

式中:X_o为编程原点O的X坐标值(机床坐标);X_B为刀具试切外圆面B后的X坐标值(机床坐标);D_B为外圆面B所对应的圆柱直径。

(2) 编程原点在工件左端面中心的对刀方法。

① Z坐标值的确定。当刀具刀尖与毛坯端面靠齐时,刀尖的位置便是毛坯端面的Z坐标值,但为了让刀具刀尖准确地靠上毛坯端面,需要对毛坯进行试切,即用刀具车削一

部分端面。如图1-36所示,刀具沿-X方向试切毛坯端面,沿+X方向退刀,得到试切端面A。则编程原点O(加工原点)在机床坐标系下的Z坐标值根据式(1-1)计算得出。

②X坐标值的确定。先找到毛坯某一外圆柱面的X坐标值,再测得该圆柱直径,通过计算得出回转轴心的X坐标值。如图1-37所示,刀具沿-Z方向试切毛坯外圆柱面,沿+Z方向退刀,得到试切表面B,则编程原点O在机床坐标系下的X公坐标值根据式(1-2)计算得出。

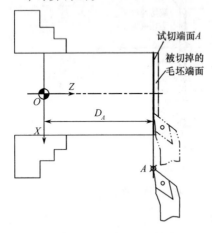
图1-36 左端面为编程原点的
Z轴对刀示意图

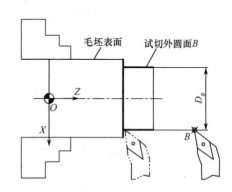
图1-37 左端面为编程原点的
X轴对刀示意图

3) 操作过程

在此只例举编程原点在工件右端面中心的对刀操作过程。在对刀之前要确保X、Z轴已经进行过回零操作。

(1) X方向对刀:

① 将主轴正转,用手轮方式移动刀具,沿-Z方向少量试切外圆柱,待已车外圆面够测量即可,然后沿+Z方向退出刀具,主轴停转,测量已经车削过的外圆直径并做好记录(如"$\phi 39.80mm$")。

② 依次选择MDI键盘上的▦功能键→[补正]软功能键,将显示调节为补偿参数设置界面。

③ 将光标定位到01号的X栏,输入"X39.8"并选择软功能键[测量],数控系统自动计算出工件轴心的X坐标值并输入到补正中,完成X方向对刀。试切对刀及参数输入如图1-38、图1-39所示。

(2) Z方向对刀:

① 将主轴正转,刀具沿-X方向少量试切右端面,沿+X方向退出,如图1-40所示。

② 依次选择MDI键盘上▦功能键→[补正]软功能键,将显示调节为补偿参数设置界面。将光标定位到01号的Z栏,输入"Z0"并选择软功能键[测量](图1-41),数控系统自动计算出工件右端面的Z坐标值并输入到补正中,完成Z方向对刀。

(3) 对刀注意事项:

① 为了防止工件上的硬皮层损伤刀尖,在进行试切时,刀尖切入工件的厚度要略大

(a)试切外圆

(b)测量

图1-38　X方向试切对刀

图1-39　X方向对刀参数输入

(a)试切端面

(b)沿X方向退刀

图1-40　Z方向试切对刀

于硬皮层的厚度。

② 试切对刀时，主轴转速不宜过高。

8. 程序校验与试切加工

1）加工准备

在自动加工前，认真检查程序输入、对刀参数及刀补参数是否正确，检查工件装夹等是否正确，做好加工前的准备工作。

2）校验程序

在自动加工前，必须对加工程序进行校验，确保程序正确后才能进行自动加工。加工

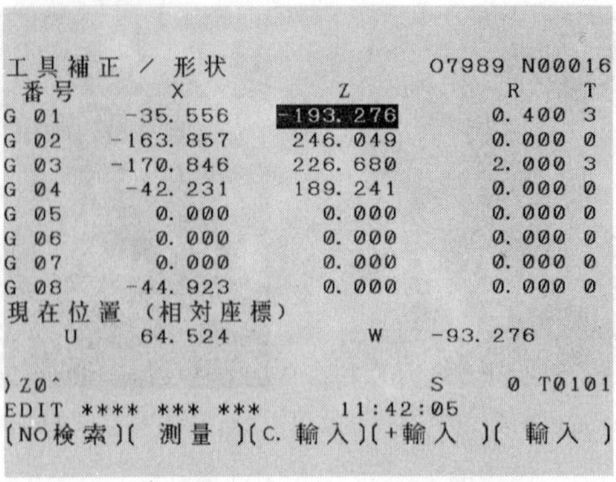

图 1－41　*Z* 方向对刀参数输入

程序一般采用模拟刀路轨迹的方式进行校验。在校验程序之前，应将刀具远离工件，以确保安全。

模拟刀路轨迹是使用数控系统的图形模拟功能，将程序的刀路轨迹以线条的形式显示给操作者，操作者通过检查此刀路轨迹是否与编程路线一致，以校验程序是否正确。

操作步骤如下：

（1）选择 MDI 键盘上的功能键，将显示调节为图形模拟界面。

（2）依次选中机床控制面板上的机床锁住→空运行按键。

（3）在“自动运行”状态下选择“循环启动”按键执行程序，显示器中将绘制出刀具路线图，如图 1－42 所示。

（4）观察刀具路线图是否正确，若有错误，应停止并修改程序，然后再次模拟刀具路线图直到正确为止。在路线图中，虚线表示 G00 的运动路线，实线表示 G01/G02/G03 运动路线。

当刀路轨迹校验完成后，应复选机床锁住与空运行按键以取消各功能状态，将各坐标轴手动返回参考点，以便为后续加工做好准备。

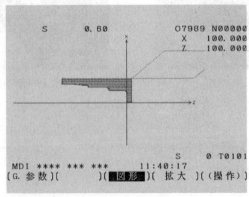

图 1－42　刀路轨迹校验

3）工件试切

当程序校验无误及其他准备工作就绪后，便可进行自动加工。操作步骤如下：

（1）关闭防护门，将机床控制面板上的"进给倍率修调旋钮"置零，调节显示为程序检查界面。

（2）依次选择 [自动]→[单段] 按键。

（3）点按"循环启动"按键 ⬤ 执行程序，适时调节"进给倍率修调旋钮"以控制刀具运动速度，确保运行安全。

（4）当完成第一次 Z 向切削后，复选 [单段] 按键（即取消"单段"方式），使程序以自动连续运行方式运行，直到程序结束。

（5）将"进给倍率修调旋钮"置零，测量工件加工结果，确认无误后取下工件，完成工件试切。

说明：

（1）加工过程中精力集中，观察刀具切削路线是否与程序编写路径一致，同时观察程序检查界面中的"待走量"数据是否与刀具运动距离一致。

（2）建议操作者将手放在"进给保持" ⬤ 按钮上，以便出现问题时能够及时按下按键以确保安全；若出现紧急情况则应立即按下"急停"按钮，然后进行相应的处理。

（3）程序在运行过程中可根据需要暂停、停止、急停或重新运行。当程序正在执行时可进行如下几方面操作：

① 按下"进给保持"按钮时暂停程序执行（此时刀具进给运动暂停，但主轴仍然转动），再选择"循环启动"按钮继续执行后续程序；

② 切换工作状态为"手动"时暂停程序执行（此时刀具进给运动暂停，但主轴仍然转动），若要继续执行程序，应将工作状态切换回"自动运行"，选择"循环启动"继续执行后续程序；

③ 按下"急停"按钮后程序中断运行并且机床停止运动。若要继续运行，应先旋开"急停"，使程序复位并从头开始执行。

（4）若被加工工件为批量生产，则必须进行首件试切，待首件加工合格后，方可进行其余工件的加工。

9. 报警处理

当数控机床在操作过程中发生报警时，通常根据以下几种情况进行相应处理。

（1）若机床在静止状态下发生报警或报警后机床停止运动，则选择 MDI 键盘上的功能键 MESSAGE 打开报警信息界面，查看报警详情，根据报警号及报警内容进行相应处理，选择 MDI 键盘上的功能键 RESET 解除报警，表 1-9 中列出了部分程序错误时出现的报警信息。

（2）若发生报警时机床未停止运动，应首先将"进给倍率修调旋钮"置零，再根据报警号及报警内容进行相应处理，选择 MDI 键盘上的功能键 RESET 解除报警。

（3）若某些报警无法用功能键 RESET 解除，则需关断机床电源，重新启动数控系统，然后再进行相应处理。

表 1-9 程序报警信息(部分)

报警号	信 息	报 警 原 因
003	数字位太多	输入了超过允许位数的数据
004	地址没找到	在程序段的开始无地址而输入了数字或字符"-"。修改程序
005	地址后面无数据	地址后面无适当数据而是另一地址或 EOB 代码。修改程序
006	非法使用负号	符号"-"输入错误(在不能使用负号的地址后输入了"-"符号或输入了两个或多个"-"符号)。修改程序
007	非法使用小数点	小数点"."输入错误(在不允许使用的地址中输入了"."符号,或输了两个或多个"."符号)。修改程序
009	输入非法地址	在有效信息区输入了不能使用的字符。修改程序
010	不正确的 G 代码	使用了不能使用的 G 代码或指令了无此功能的 G 代码。修改程序
015	指令了太多的轴	超过了允许的同时控制轴数
020	超出半径公差	在圆弧插补(G02/G03)中,起始点与圆弧中心的距离不同于终点与圆弧中心的距离,差值超过了参数 3410 中指定的值
021	指令了非法平面轴	在圆弧插补中,指令了不在所选平面内(G17/G18/G19)的轴。修改程序
022	没有圆弧半径	在圆弧插补中,不管是 R(指定圆弧半径),还是 I、J、K(指定从起始点到中心的距离)都没有被指令
033	在 CRC 中无结果	刀具补偿 C 方式中的交点不能确定。修改程序
034	圆弧指令时不能起刀或取消刀补	刀具补偿 C 方式中 G02/G03 指令时企图起刀或取消刀补。修改程序
040	G90/G94 程序段中有干涉	在固定循环 G90 或 G94 中,刀尖半径补偿将发生过切。修改程序
041	在 CRC 中有干涉	在刀具补偿 C 方式中,将出现过切。刀具补偿方式下连续指令了两个没有移动指令只有停刀指令的程序段。修改程序
061	G70~G73 指令中没有地址 P/Q	G70,G71,G72 或 G73 指令中没有指定地址 P 或 Q
073	程序号已使用	被指令的程序号已经使用。改变程序号或删除不要的程序,重新执行程序存储
087	缓冲区溢出	当使用阅读机/穿孔机接口向存储器输入数据时,尽管指定了读入终止指令,但再读入 10 个字节点,输入仍不中断。输入/输出设备或 P.C.B. 故障
101	请清除存储器	当用程序编辑操作对内存执行写入操作时,关闭了电源。如果该报警出现,按住[PROG]键,同时按住[RESET]键清除存储器,但是只删除编辑的程序
113	不正确指令	在用户宏程序中指定了不能用的功能指令。修改程序
114	宏程序格式错误	<公式>的格式错误。修改程序
115	非法变量号	在用户宏程序中指定了不能作为变量号的值。修改程序
124	缺少结束状态	DO-END 没有一一对应。修改程序
126	非法循环数	对 DOn 循环,条件 1≤n≤3 不满足。修改程序

2.2.3 数控加工仿真系统

依次选择"开始→程序→数控加工仿真系统→数控加工仿真系统"(或双击桌面上的数控加工仿真系统快捷图标 ），系统将弹出如图1-43所示的用户登录界面。

图1-43 用户登录界面

单击"快速登录"按钮进入仿真软件主界面,如图1-44所示。

仿真系统界面由以下三方面组成：

(1)菜单栏及快捷工具栏:图形显示调节及其他快捷功能图标。

(2)机床显示区域:三维(3D)显示模拟机床,可通过视图选项调节显示方式。

(3)系统面板区域:通过对该区域的操作,执行仿真对刀、参数设置及完成仿真加工。

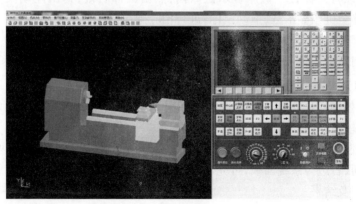

图1-44 仿真软件主界面

1. 数控仿真软件的基本操作

1) 对项目文件的操作

(1) 项目文件的作用:保存操作结果,但不包括操作过程。

(2) 项目文件包括的内容:

① 机床、毛坯、经过加工的零件、选用的刀具和夹具、在机床上的安装位置和方式;

② 输入的参数:工件坐标系、刀具长度和半径补偿数据;

③ 输入的数控程序。

(3) 对项目文件的操作：

① 新建项目文件。打开菜单"文件\新建项目"；选择新建项目后，就相当于回到重新选择机床后的初始状态。

② 打开项目文件。打开选中的项目文件夹，在文件夹中选中并打开后缀名为 ".MAC"的文件。注意：".MAC"文件只有在仿真软件中才能被识别，因此只能在仿真软件中打开，而不能直接打开。

③ 保存项目文件。打开菜单"文件\保存项目"或"另存项目"；选择需要保存的内容，单击"确定"按钮。如果保存一个新的项目或者需要以新的项目名保存，选择"另存项目"，内容选择完毕后输入另存项目名，单击"确定"按钮保存。

保存项目时，系统自动以用户给予的文件名建立一个文件夹，所有内容均放在该文件夹中，默认保存在用户工作目录相应的机床系统文件夹内。

提示：在保存项目文件时，实际上是一个文件夹内保存了多个文件，这些文件中包含了(2)中所讲到的所有内容，这些文件共同构成一个完整的仿真项目，因此文件夹中的任意文件丢失都会造成项目内容的不完整，需特别注意。

2) 其他操作

(1) 零件模型。如果仅想对加工的零件进行操作，可以选择"导入\导出零件模型"，零件模型的文件以".PRT"为后缀。

(2) 视图变换的选择。在工具栏中选 [图标] 之一，它们分别对应于菜单"视图"下拉菜单的"复位""局部放大""动态缩放""动态平移""动态旋转""绕 X 轴旋转""绕 Y 轴旋转""绕 Z 轴旋转""左视图""右视图""俯视图""前视图"。或者可以将光标置于机床显示区域内，点击鼠标右键，弹出浮动菜单进行相应选择。将鼠标移至机床显示区，拖动鼠标，进行相应操作。

在仿真车床操作中，为了方便观察，通常将视图调节为"俯视图"。

(3) 控制面板切换。在"视图"菜单或浮动菜单中选择"控制面板切换"，或在工具条中单击 [图标]，即完成控制面板切换。

未选择"控制面板切换"时，面板状态如图1-45所示，此时整个界面均为机床模型空间，适合于较明显的观察仿真加工过程及结果。

选择"控制面板切换"后，面板状态如图1-46所示，此时界面分成了两部分，左边为机床模型空间，右边为系统面板，可完成各参数的输入及编辑程序等操作，同时可以观察仿真加工过程及结果。

(4) "选项"对话框。在"视图"菜单或浮动菜单中单击"选项"或在工具条中单击 [图标]，在该对话框中可以进行仿真倍率、仿真声音开/关、机床与零件显示等设置，改变仿真效率及仿真效果。如图1-47所示。

"仿真加速倍率"：调节仿真速度，有效数字1~100；为了提高仿真效率，可通过调高该值以提高仿真速度。

"开/关"：调节仿真加工过程中的声音是否打开，切屑是否显示。

"机床显示方式"：调节模型空间机床显示为实体或透明；对其进行适当切换可便于仿真对刀及仿真加工观察等。

"机床显示状态"：调节模型空间机床显示状态。

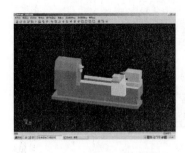  

图 1-45　面板切换无效　　图 1-46　面板切换生效　　图 1-47　"选项"对话框

"零件显示方式"：调节毛坯或零件的显示方式；当车床上加工有内孔的零件时，通常将其调节为"全剖"或"半剖"状态，以便于进行仿真对刀及仿真加工操作。

"显示机床罩子"：当勾选时，机床外罩显示，反之外罩不显示（该选项只用于铣床或加工中心）。

"对话框显示出错信息"：当勾选时，仿真加工过程中若出错，则系统以对话框的形式显示出错的详细信息。可以通过该信息检查仿真错误。

"左键平移、右键旋转"：该选项为对模型空间机床的显示进行操作，根据个人习惯不同，可以勾选或取消。

如果选中"对话框显示出错信息"，出错信息提示将出现在对话框中。否则，出错信息将出现在屏幕的右下角。

3）机床选择及毛坯选择与安装

（1）机床选择：选择菜单栏中的"机床"→"选择机床"，出现"选择机床"对话框，依次选择"FANUC"→"FANUC 0i Mate"→"车床"→"沈阳机床厂 CAK6136V"，或单击快捷图标 选择机床，如图1-48所示。

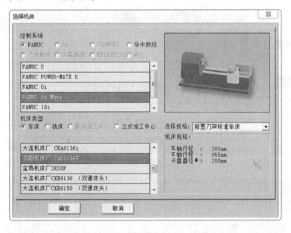

图 1-48　"选择机床"对话框

（2）毛坯选择与安装：

① 定义毛坯：依次选择"零件"→"定义参数"→"确定"，或单击快捷图标 定义毛

坯相关参数,如图 1-49 所示。

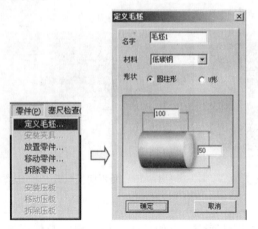

图 1-49 定义毛坯

"名字":在毛坯名字输入框内输入毛坯名,也可以使用默认值。

"材料":毛坯材料列表框中提供了多种供加工的毛坯材料,可根据需要在"材料"下拉列表中选择毛坯材料,也可以使用默认值。

"形状":车床毛坯形状分为圆柱形与 U 形两类,当加工实心零件时,选择圆柱形,加工有内腔轮廓的零件时,可选择 U 形零件。

尺寸参数输入:圆柱形毛坯直径范围为 10~160mm,长度范围为 10~280mm。该两尺寸应与所加工零件毛坯尺寸相同。单击"确定"按钮,保存定义的毛坯并且退出本操作;单击"取消"按钮,退出本操作。

② 安装零件:依次选择"零件→放置零件→选择零件→安装零件→移动零件",或单击快捷图标 选择零件,如图 1-50 所示。

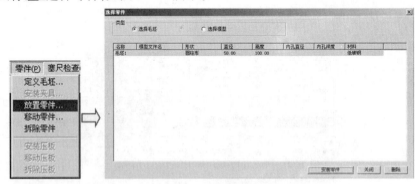

图 1-50 安装零件

当确认"安装零件"之后,零件被安装到车床的卡盘上,窗口右下方弹出如图 1-51 所示的"移动零件"对话框,根据实际需要,通过 与 调整零件在卡爪上的位置,然后单击"退出"按钮确定零件的安装。

4)刀具的选择与安装

依次选择"机床→选择刀具"(或单击快捷图标),然后在"刀具选择"对话框中依次选择刀位、刀片、刀柄以及设置刀具长度与刀尖半径,最后单击"确定"按钮完成刀具的选择与安装,如图1-52所示。

在选择刀具之前,应根据不同零件的加工要求,选择相应类型与数量的刀具。图1-52中刀架上选择了常用的三把刀具(95°外圆车刀、4mm切槽刀、60°螺纹刀),车床顶尖座上选择了一把 $\phi16$ 的钻头。当不需要某些刀具时,可以先选择刀具所在的刀位,然后再选择"卸下刀具"将刀具删除。

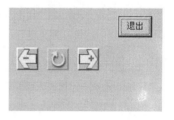

图1-51 "移动零件"对话框

提示:在仿真加工时,为了避免刀尖半径对加工结果的影响,得到理想零件尺寸,可以将所选刀具的刀尖半径改为零。

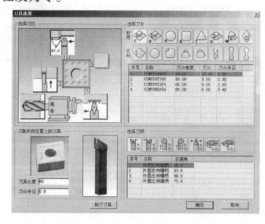

图1-52 "刀具选择"对话框

2. FANUC 数控系统的基本操作

当正确选择 FANUC 数控系统及机床后,显示器的右侧将显示出数控系统界面,如图1-53所示。

图1-53 数据系统界面

仿真数控系统面板区域分布与实际机床系统相同,虽然部分按键外观形状与实际机床有所差别,但其功能与实际机床相同,因此该部分只介绍与实际数控车床面板中不同的按钮。

[手轮]:选择此按钮显示手轮。当手轮出现之后,在手轮面板上单击[←]可隐藏手轮。手轮如图1-54所示。

使用手轮时,首先将工作方式选择为[X手摇]/[Z手摇],再选择所需的增量倍率[X1 F0]/[X10 25%]/[X100 50%]/[X1000 100%],最后旋转轮盘移动坐标;将鼠标指针放于手轮轮盘上,单击鼠标右键为右旋(正方向移动坐标),单击鼠标左键为左旋(负方向移动坐标),按住鼠标左/右键不放为持续旋转。

1) 仿真对刀及加工

仿真系统对刀方法及仿真加工方法与实际机床相同,在此不做介绍。

提示:仿真加工时,可以通过仿真软件主界面菜单栏中的"选项→仿真加速倍率"调节仿真速度的快慢。

图1-54 手轮

在仿真模拟时,除了可以进行工件实体加工过程的模拟外,还可以进行刀具路线的模拟,即不显示机床、刀具及工件实体,不进行实体加工,只用线条显示刀具路线。具体操作方法:将视图调整为前视,选择程序后依次选择[自动]/[单段]→[CUSTOM GRAPH](选择该功能后软件显示区左侧的机床模型自动隐藏)→[○],在该显示区域将绘制出刀具路线,可对其进行检查,红色线条表示G00指令路线,绿色线条表示G01/G02/G03指令路线;模拟结束后,复选[CUSTOM GRAPH]取消该功能,则机床及工件正常显示,可以进行实体加工。

2) 仿真检测

当完成仿真加工后,可对零件加工结果进行测量。

菜单选择"测量\剖面图测量…"弹出"是否保留半径小于1的圆弧?"对话框,选择"是",弹出"工件测量"对话框,如图1-55所示。

对话框上半部分的视图显示了当前零件的剖面图。坐标系水平方向上以零件轴心为Z轴,向右为正方向,默认零件最右端中心记为原点,拖动[⊕]可以改变Z轴的原点位置。垂直方向上为X轴,显示零件的半径刻度。Z、X方向各有一把卡尺用来测量两个方向上的投影距离。

下半部分的列表中显示了组成视图中零件剖面图的各条线段。每条线段包含以下数据:

标号:每条线段的编号,单击"显示标号"按钮,视图中将用黄色标注出每一条线段在此列表中对应的标号。

线型:包括直线和圆弧,螺纹将用小段的直线组成。

X:显示此线段自左向右的起点X值,即直径/半径值。选中"直径方式显示X坐标",列表中"X"列显示直径,否则显示半径。

Z:显示此线段自左向右的起点距零件最右端的距离。

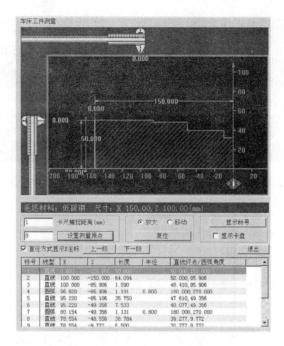

图1-55 "工件测量"对话框

长度:线型若为直线,显示直线的长度;若为圆弧,显示圆弧的弧长。

半径:线型若为直线,不做任何显示;若为圆弧,显示圆弧的半径。

直线终点/圆弧角度:线型若为直线,显示直线终点坐标;若为圆弧,显示圆弧的角度。

选择一条线段:

方法一:在列表中单击选择一条线段,当前行变蓝,视图中将用黄色标记出此线段在零件剖面图上的详细位置,如图1-55所示。

方法二:在视图中单击一条线段,线段变为黄色,且标注出线段的尺寸。对应列表中的对应行显示变蓝。

方法三:单击"上一段""下一段"可以相邻线段间切换。视图和列表中相应变为选中状态。

设置测量原点:

方法一:在按钮前的编辑框中填入所需坐标原点距零件最右端的位置,单击"设置测量原点"按钮。

方法二:拖动 ，改变测量原点。拖动时在虚线上有一黄色圆圈在Z轴上滑动,遇到线段端点时,跳到线段端点处,如图1-56所示。

视图操作:"鼠标选择"对话框中"放大"或者"移动"可以使鼠标在视图上拖动时做相应的操作,完成放大或者移动视图。单击"复位"按钮视图恢复到初始状态。

选中"显示卡盘",视图中用红色显示卡盘位置,如图1-57所示。

卡尺测量:在视图的X,Z方向各有一把卡尺,可以拖动卡尺的两个卡爪测量任意两位置间的水平距离和垂直距离。如图1-57所示,移动卡爪时,延长线与零件焦点由 变为 时,卡尺位置为线段的一个端点,用同样的方法使另一个卡爪处于端点位置,

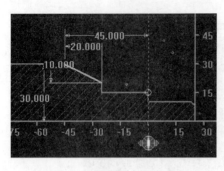
图1-56 改变测量原点

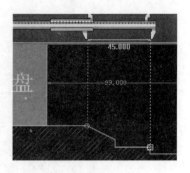
图1-57 显示卡盘

就测出两端点间的投影距离,此时卡尺读数为45.000。通过设置"游标卡尺捕捉距离",可以改变卡尺移动端查找线段端点的范围。

单击"退出"按钮,退出此对话框。

2.3 华中系统车床基本操作

2.3.1 系统面板介绍

由于数控机床的生产厂家众多,同一系统数控机床的操作面板可能各不相同,但其系统功能相同,因此操作方法也基本相似。现以沈阳第一机床厂生产的 CAK6140VA 卧式数控车床(配华中世纪星数控系统)为例说明面板上各按钮的功能。

HNC-21T 数控系统面板如图1-58所示。

图1-58 HNC-21T 数控系统面板

华中系统界面分为以下几部分:

(1) 显示区域:显示工作相关信息。

(2) 控制面板区域:控制机床工作过程。

(3) 功能键区:功能键 F1~F10 对应显示区域中软键 F1~F10,包括部分显示切换与功能切换。

(4) MDI 键盘区:输入参数及程序。

1. 显示

显示区域用于显示机床工作相关信息。其内容由功能键 F1~F10 进行调节,主要界面如图 1-59~图 1-63 所示，通过选择功能键 F9[显示切换]进行切换各显示界面。

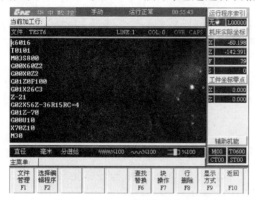

图 1-59 程序界面

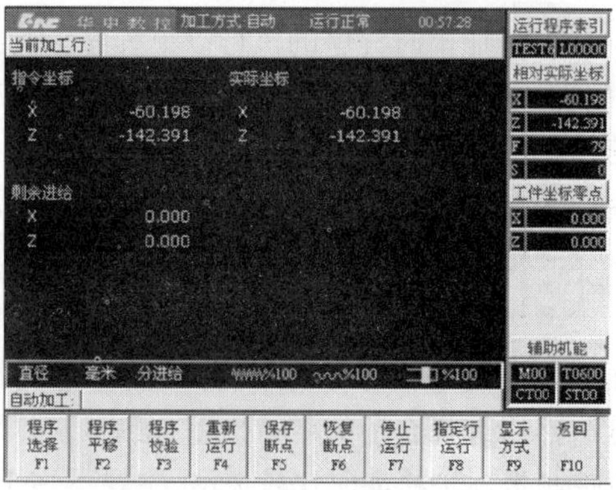

图 1-60 坐标界面

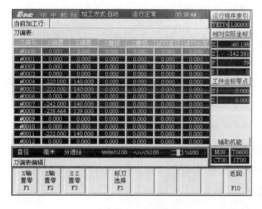

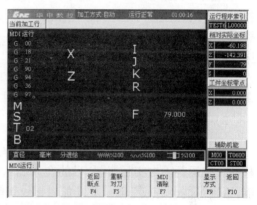

图 1-61 刀偏界面

图 1-62 MDI 运行界面

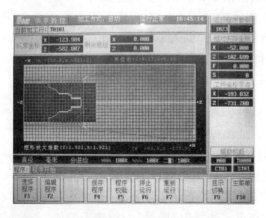

图 1-63 图形界面

2. 控制面板

1）五种工作方式

:此功能是在自动运行程序时使用；即当编辑好加工程序，装夹好工件之后，按下此按钮，然后按下 按钮，机床将进入自动运行状态，它将按照程序指定的路线进行刀

具与工件的相对运动,完成对工件的自动加工。

[单段]:加工时程序的执行以单程序段为单位,即单程序段执行,通过按下[循环启动]按钮进行后面程序的执行。该功能与"自动"方式互锁,即只能在两种加工方式中选择其中一种进行。

[手动]:手动移动坐标轴的运动,以及换刀、主轴旋转等操作。在移动坐标轴时,配合[+X][+Z][-X][-Z]坐标方向按钮。

[增量]:与手轮配合使用,若需使用手轮控制坐标轴运动,则应先将工作方式选为"增量",然后选择合适的增量倍率,最后通过顺时针或逆时针旋转手轮来移动坐标轴。用手轮控制坐标轴移动时比较灵活,主要运用于对刀的过程中。

[回参考点]:开机之后的第一个操作,即回到机床的极限位置,让机床重新建立机床坐标系。将工作方式选择为"回参考点",然后单击"+X",待刀架距离工件较远时,单击"+Z",将机床 X 轴和 Z 轴回零;当机床回零之后,"+X"与"+Z"按钮左上角的原点灯亮,同时机床实际坐标显示为0。

注意:通常车床回零时为了保证刀架不与顶尖座、工件发生碰撞,应先回"+X",然后再回"+Z"。

2)其他控制按钮

[空运行]:该状态下自动运行程序时,程序中编制的 F 值被忽略,坐标轴以最大快移速度移动。空运行不做实际切削,目的在于确认切削路径及程序,在实际切削时应关闭此功能,否则可能会造成危险。此功能对螺纹切削无效。

[×1][×10][×100][×1000]:增量倍率,当工作方式选择为"增量"(手轮)时,用×1~×1000选择手轮移动倍率,车床手轮如图1-64所示。当刀具将要靠近工件时,应选择小倍率;当刀具与工件距离较远时,应选择大倍率;当不用手轮功能时,应将倍率调节为×1,确保安全。手轮单格移动时,倍率分别表示:×1=0.001mm,×10=0.01mm,×100=0.1mm,×1000=1.0mm。

[超程解除]:用于解除坐标轴超程。当在手动操作或自动加工过程中,由于操作失误或编程错误等因素,造成某一坐标轴超程,则该按钮指示灯亮,同时,机床不再运动,处于急停状态,需要解除超程之后方可继续操作。解除超程的具体做法:按下"超程解除"按钮不松开(控制器会暂时忽略超程的紧急情况)→将工作方式选择为"增量"→旋转手轮使坐标向超程的反方向运动→观察机床坐标,待其离开超程区域时,松开"超程解除"按钮。

图1-64 车床手轮

注意:若发生某一坐标轴超程,解除超程后必须将该坐标轴回零,然后再进行其他操作,否则容易造成事故。

[程序跳步]:与编程指令配合使用。当在程序中输入"/"(跳步)指令时,选中该按钮,跳步开

42

关打开,则自动加工时"/"所在的程序段不执行,而跳过此段执行下一段。

[亮度调节]:用于调节显示器亮度,复选此按钮进行调节。

[选择停]:与编程指令配合使用。当在程序中输入 M01 指令并选中该按钮时,自动加工过程中程序执行到 M01 时,机床进给运动停止,复选"循环启动"按钮后,机床继续执行后面的程序。

[机床锁住]:此按钮生效时机床无论在何种工作方式下均不产生运动,通常用于程序效验。此按钮使用完后应使机床重新回零。

[冷却开/停]:复选此按钮打开或关闭冷却液。

[刀位选择]:换刀前的预选。若需选 2 号刀,则按此键两次。

[刀位转换]:换刀过程的执行。当"刀位选择"预选刀具之后,按下"刀位转换"按钮执行换刀过程。

提示:在显示器中右下方的辅助机能区域有选刀与换刀提示。ST 后面的数字表示预选刀位号,CT 后面的数字表示当前刀位号,换刀动作如图 1-65 所示。

[主轴点动]:点按此按钮时,主轴转动几圈后停止。主要用于主轴的手动换挡以及检查工件的装夹情况。

[卡盘松/紧]:按钮灯点亮时表示卡盘夹紧,反之表示卡盘未夹紧。该功能用于带有液压或气动卡盘的数控机床上。

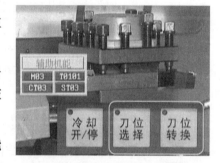

图 1-65 换刀动作

[内/外卡]:用于选择卡紧类型为内卡或外卡。该功能用于带有液压或气动卡盘的数控机床上。

[主轴正转][主轴停止][主轴反转]:主轴状态按钮,此三个按钮须在"手动"方式下进行,否则无效。

[快进]:当用"手动"方式移动坐标轴时,按下该按钮后再按"坐标轴"按钮,将会使坐标轴移动速度变快,可提高操作效率。

[主轴倍率修调 - 100% +]:"主轴倍率修调"按钮,用于调节主轴转速。修调结果与显示器内的 [▭▭%100] 相对应。

[快速修调 - 100% +]:"快速倍率修调"按钮,用于调节程序中 G00 运动速度。修调结果与显示器内的 [∿∿%100] 相对应。

[进给修调 - 100% +]:"进给倍率修调"按钮,用于调节手动进给运动速度及程序中 G01、G02、G03 运动速度。修调结果与显示器内的 [▥▥▥%100] 相对应。

[循环启动]:在"自动"状态下选择该按钮,机床开始进行自动加工;在"单段"状态下选择该按钮时只执行单个程序段的加工,需要不断复选该按钮来进行后续程序段的加工。

![继续保持]:自动加工过程中的暂停,在自动加工过程中按下该按钮时机床坐标移动被暂停,可选择"循环启动"按钮继续进行加工。

![急停]:该按钮为机床出现紧急情况下的电源切断开关。当刚刚进入仿真系统,正确选择机床后,首先便要打开急停开关,然后再进行回零等其他操作。

3. 功能键

功能键 F1~F10 对应显示区域内的软键 F1~F10,包括部分显示切换与功能切换。该 10 个功能菜单中设置有子选项,当处于不同的功能状态时,F1~F10 对应不同的功能。如图 1-66、图 1-67 所示。

图 1-66 主功能菜单

图 1-67 扩展功能菜单

4. MDI 键盘

MDI 键盘用于输入参数及程序,其主要编辑键的功能如下:

[Alt]:替换键。用输入的数据替代光标所在的数据。

[Del]:删除键。删除光标所在的数据,或者删除一个或全部数控程序。

[Esc]:取消键。取消当前操作。

[Tab]:跳格键。

[SP]:空格键。空出一格。

[BS]:退格键。删除光标前的一个字符,光标向前移动一个字符位置,余下的字符左移一个字符位置。

[Enter]:确认键。确认当前操作;结束一行程序的输入并且换行。

[Upper]:上档键。输入上档字符时先选择此键,再选择字符对应的按键,则该字符被输入到相应的位置。

[PgUp]:向上翻页。使编辑程序向程序头滚动一屏,光标位置不变。如果到了程序头,则光标移到文件首行的第一个字符处。

[PgDn]:向下翻页。使编辑程序向程序尾滚动一屏,光标位置不变。如果到了程序尾,

则光标移到文件末行的第一个字符处。

▲:向上移动光标;▼:向下移动光标;

◄:向左移动光标;►:向右移动光标。

2.3.2 基本操作

1. 开/关机

配备华中数控系统的数控车床与配备 FANUC 数控系统的数控车床开关机方式基本一致(图 1-68)。

1)开机

(1)打开机床电源。

(2)系统自检完毕后,旋开急停开关。

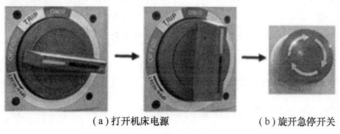

图 1-68 开机顺序

2)关机

关机前应将刀架(X、Z 轴)放于机床尾座附近,将进给倍率修调旋钮置零,按以下顺序关机。

(1)按下急停开关。

(2)关闭机床电源。

2. 回参考点

在数控机床开机后,应首先进行手动回参考点操作。为保证安全,通常先回 X 轴,再回 Z 轴。

具体步骤如下:

(1)按功能键 [菜单切换] F9 将显示切换为综合坐标界面。

(2)将工作方式选择为 [回零] 回参考点。

(3)依次选择机床控制面板上的坐标方向按钮 [+X] 及 [+Z],使 X 轴与 Z 轴回零。

说明:

(1)回参考点前应清理并确保行程开关附近无杂物,以免发生回参考点位置错误。

(2)回参考点前应确认各坐标轴远离机床坐标零点,否则在回参考点的过程中容易发生超程或碰撞。

(3)回参考点后综合坐标界面中的"机床坐标"数值为零,同时各坐标方向按钮 [+X] 及 [+Z] 指示灯点亮。

(4)完成回参考点后应及时退出参考点,将刀架移至导轨中间位置。为保证安全,通

常先退 $-Z$,再退 $-X$。

操作方法:首先将工作方式选择为 [手动],然后选择 Z 坐标方向按钮 [-Z] 使 Z 轴移动至中间位置,再选择 X 坐标方向按钮 [-X] 使 X 轴移动至中间位置。

(5) 在回参考点及退出参考点的过程中可通过 [进给修调 - 100% +] 按钮调节坐标轴的快速运动速度;

(6) 当遇到以下几种情况时必须回参考点:

① 首次打开机床;

② 发生坐标轴超程报警,解除报警后;

③ "机床锁住"功能使用结束后;

④ 发生撞机等事故并排除故障后。

3. 坐标轴移动

坐标轴的移动一般采用手轮或手动功能实现,现将两种功能介绍如下。

1) 手轮操作

华中系统数控车床的手轮操作方法与 FANUC 系统基本相同,操作步骤如下:

(1) 选择 [增量] 按钮,将工作方式切换为手摇,使坐标轴手轮控制生效。

(2) 通过机床控制面板上的"增量倍率"按钮 [×1][×10][×100][×1000] 选择适当的增量倍率($\times 1/\times 10/\times 100/\times 1000$)。

(3) 选择相应坐标轴的坐标方向按钮(如 [+Z])以选择所需移动坐标轴。

(4) 逆时针旋转手轮使 Z 轴产生负方向移动,顺时针旋转手轮使 Z 轴产生正方向移动。通过手轮旋转速度快慢可以控制坐标轴的移动速度。

说明:

(1) 当不需要使用手轮时,建议将"增量倍率"按钮 [×1][×10][×100][×1000] 选择为 $\times 1$,将工作方式切换为非增量方式,以确保安全。

(2) 使用手轮移动坐标轴时应特别注意手轮旋向与坐标运动方向的关系,否则很容易出现撞刀等事故;在移动坐标轴时要注意观察显示屏上的"机床坐标"数值,以避免超程。

2) 手动操作

选择机床控制面板上的 [手动] 按钮,将工作方式切换为"手动"。该状态下可进行坐标轴移动、主轴启动/停止、换刀等操作。

(1) 坐标轴移动操作:

① 按下坐标轴移动方向按钮 [-Z]/[+Z]/[+X]/[-X],相应坐标轴将产生移动,若同时按下 [快进] 及方向按钮,则相应的坐标轴将快速移动;

② 松开坐标轴移动方向按钮 [-Z]/[+Z]/[+X]/[-X],则坐标轴停止移动。

坐标轴移动速度可通过 [进给修调 - 100% +] 按钮调节。

(2) 主轴启动/停止控制：

① 按下 [主轴正转] 或 [主轴反转] 按键，实现主轴正转或反转；

② 按下 [主轴停止] 按键，停止主轴转动；

主轴转速可通过 [进给修改] [-] [100%] [+] 按钮调节。

(3) 解除超程。当某一坐标轴超程时，系统会发生报警并停止工作，同时机床控制面板上的 [超程解除] 按钮灯被点亮。解除超程的方法如下：

① 按下 [超程解除] "超程解除"按钮不松开，系统超程报警信号被解除；

② 使用"手动"/"手轮"方式反方向将坐标轴移出超程区域；

③ 松开 [超程解除] 按钮，重新回零。

4. MDI 操作与程序编辑

1) MDI 操作

首先选择功能键 F10，在主功能菜单下选择 [MDI F3] F3，显示将被切换为"MDI"输入界面；然后输入要执行的程序并按 [Enter] 键确认输入；最后将工作方式切换为"自动"或"单段"，按下机床控制面板上的"循环启动"按钮执行该程序。

2) 程序编辑

(1) 新建程序。依次选择 [程序 F1] → [程序编辑 F2] → [新建程序 F3] →输入以英文字母"O"为起始符的文件名 [程序: 01234] → [Enter] 确认，此时将出现空白程序窗口，可输入与修改程序。

(2) 选择编辑程序。依次选择 [程序 F1] → [程序选择 F2] → [▲] [▼] 选择程序→ [Enter] 确认。此时整个程序内容将被显示，可对其进行编辑。若显示界面不是程序界面，可复选 [显示切换 F9] 到出现程序界面为止。如图 1-69 所示。

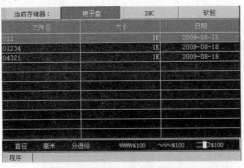

图 1-69 选择程序界面

(3) 输入与修改程序。通过前面两步骤新建或选择将要编辑的程序文件，然后通过 MDI 键盘输入或修改程序，通过方位键 [▲] [▼] [◄] [►] 确定程序输入或修改位置。将程序编辑结束后，必须依次选择 [保存程序 F4] → [Enter] 按钮确认保存。图 1-70 所示为正在进行编辑的某个程序文件。

(4) 删除程序。单击 F10 返回主功能菜单，依次选择 [程序 F1] → [程序选择 F1] →选择将要删除的程序文件→ [Del] → [Y] "确定"删除。

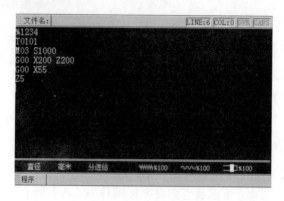

图 1-70　程序文件

5. 工件装夹

该部分内容与 FANUC 数控系统数控车床工件装夹方式相同,参见本模块 2.2.2 节中的相应内容。

6. 刀具的安装

该部分内容与 FANUC 数控系统数控车床工件装夹方式相同,参见本模块 2.2.2 节中的相应内容。

7. 对刀及其参数输入

1) 对刀原理与对刀方法

华中系统对刀原理与对刀方法与 FANUC 对刀原理相同,参见本模块 2.2.2 节中的相应内容。

2) 操作过程

(1) X 方向对刀:将主轴正转,用手轮方式移动刀具,沿 $-Z$ 方向少量试切外圆柱,待已车外圆面够测量即可,然后沿 $+Z$ 方向退出刀具,主轴停转。测量已车外圆的直径(设为 D1),按功能键 F4 "刀具补偿"→F1 "刀偏表",将 D1 值输入 #0001 号的 "试切直径" 栏中,完成 X 方向对刀。参数输入如图 1-71 所示。

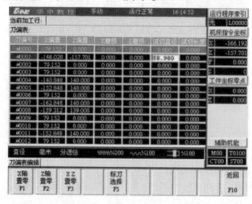

图 1-71　X 方向对刀参数

注意:华中数控系统输入参数时,先将光标移动到对应的参数栏(对应栏底色为绿色 0.000),然后"回车"(此时底色变为白色 47.094),输入参数值,最后单击"回车"

48

按钮确认,则参数被输入系统。

(2) Z方向对刀:将主轴正转,刀具少量试切右端面,沿+X方向退出。

打开"刀具补偿"→"刀偏表",在#0001号的"试切长度"栏中输入"0",最后单击"回车"按钮确认完成Z方向对刀。参数表如图1-72所示。

刀偏号	X偏置	Z偏置	X磨损	Z磨损	试切直径	试切长度
#0001	-388.794	-869.700	0.000	0.000	47.094	0.000

图1-72 外圆刀对刀结果

8. 程序校验与自动加工

1) 程序校验

(1) 选择需要加工的程序,按功能键F5[程序校验],通过F9[显示切换]将显示调节为图形界面。

(2) 在手动状态下选中"空运行"与"机床锁住"功能。

(3) 依次选择"自动"→"循环启动",图形界面出现模拟图形,观察刀具的运动路线及轮廓形状是否与被加工工件一致,根据情况进行程序的调整,直到校验正确为止。线框校验图形如图1-73所示。

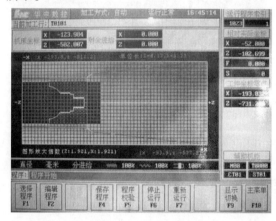

图1-73 图形校验

(4) 程序校验无误后,解除"空运行"及"机床锁住"功能,重新回零。

2) 自动加工

(1) 选择加工程序。依次选择功能键F1[程序]→[选择程序],通过光标键选择被加工的程序,按 Enter 确认。使用[显示切换]功能将显示调节为程序界面。当前被选程序的第一行将显示为蓝色光标。如图1-74所示。

(2) 运行程序。将工作方式调节为"自动"或"单段"状态,按"循环启动"按钮执行当前程序。如图1-75所示。

单段方式:依次选择"单段"→"循环启动",程序开始执行,机床开始加工。由于程序执行在单段状态,所以程序在执行完当前程序段后停止,需要持续选择"循环启动"继续执行后续程序加工。

自动方式:依次选择"自动"→"循环启动",程序从头到尾依次执行,直到程序结束。

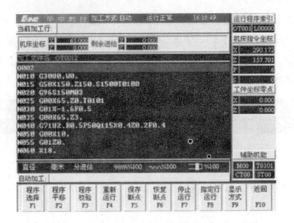

图1-74 当前加工程序

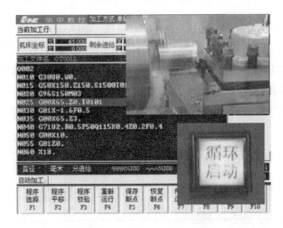

图1-75 自动加工

9. 报警处理

配备华中数控系统的数控车床在操作过程中发生报警时,通常根据以下几种情况进行相应处理。

(1) 若机床在静止状态下发生报警或报警后机床停止运动,则在主功能菜单下依次选择功能键 F6[故障诊断]→F6[报警显示],打开报警信息界面,查看报警详情,根据报警内容进行相应处理,通过按下急停按钮再旋开急停按钮的方法可以解除报警。

(2) 若通过按下急停按钮再旋开急停按钮的方法无法解除报警,则需视具体报警情况进行处理。

2.3.3 数控加工仿真系统

在前面的 FANUC 数控加工仿真系统相关知识中已经介绍了数控仿真软件的基本操作,在此只介绍与 FANUC 数控加工仿真操作及实际机床操作不同的部分。

1. 基本操作

进入仿真系统主界面后,依次选择"机床→选择机床→华中数控→华中数控世纪星4代→车床→平床身前置刀架"→"确定",打开仿真系统主界面。华中数控系统界面如图1-75所示。

仿真系统面板区域分布与实际机床系统相同,在此只介绍与数控车床面板中不同的

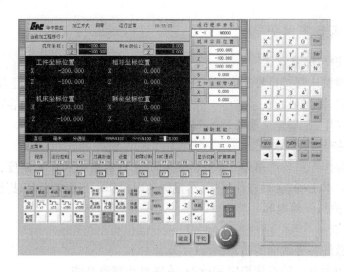

图 1-76 华中数控系统界面

按钮。

回零:与"回参考点"功能相同。

刀位转换:执行换刀过程,选择此按钮,转换所需工作刀位。

键盘:选择此按钮实现 MDI 键盘显示或隐藏。

手轮:选择此按钮显示手轮。当手轮出现之后,在手轮面板上单击 ← 按钮藏手轮。手轮如图 1-77 所示。

该手轮面板上包含了轴选择旋钮、增量倍率选择旋钮及轮盘。使用手轮时,先将工作方式选择为"增量",然后依次选择所需移动的坐标轴、增量倍率,最后旋转轮盘移动坐标;将鼠标指针放于将要选择的旋钮上,单击鼠标右键为右旋,单击鼠标左键为左旋;当鼠标指针放在轮盘上时,单击鼠标左(右)键为单刻度旋转,按住鼠标左(右)键不放为持续旋转。

图 1-77 手轮

2. 仿真对刀及仿真检测

1) 仿真对刀及加工

仿真系统对刀方法及仿真加工方法与实际机床相同,在此不做介绍。

提示:仿真加工时,可以通过仿真软件主界面菜单栏中的"选项→仿真加速倍率"调节仿真速度的快慢。

在仿真模拟时,除了可以进行工件实体加工过程的模拟外,还可以进行刀具路线的模拟,即不显示机床、刀具及工件实体,不进行实体加工,只用线条显示刀具路线。具体操作方法:将视图调整为前视,选择程序后依次选择自动/单段→F5 程序校验(选择该功能后实体自动隐藏)→循环启动;模拟结束后,选择 F5 程序校验取消该功能,则机床及工件正常显示,可以进行实体加工。

2) 仿真检测

仿真检测的操作过程与 FANUC 数控仿真系统相同,在此不做介绍。

2.4 数控车床日常维护

1. 日常维护与保养意义

为了使数控机床保持良好状态,除了发生故障应及时修理外,坚持经常的维护保养是十分重要的。坚持定期检查,经常维护保养,可以把许多故障隐患消灭在萌芽之中,防止或减少事故的发生,是安全文明生产的前提保障。

2. 日常维护与保养要求

数控车床操作人员要严格遵守操作规程和机床日常维护和保养制度,严格按机床和系统说明书的要求正确、合理操作机床,尽量避免因操作不当影响机床使用。

3. 日常维护与保养内容

1) 润滑系统

(1) 每天做好各导轨面的清洁润滑(手动添加)。
(2) 自动润滑系统的机床要定期检查、清洗自动润滑系统。
(3) 检查油量,及时添加润滑油。
(4) 检查油泵是否定时启动打油及停止。
(5) 定期更换主轴箱润滑油。

2) 冷却系统

(1) 检查冷却液液面高度。
(2) 冷却液更换,太脏时需要更换清洗油箱、水箱和过滤器。
(3) 检查水溶液浓度。

3) 液压系统

(1) 检查油箱油泵有无异常噪声。
(2) 检查工作油面高度是否合适。
(3) 检查压力表指示是否正常。
(4) 检查管路及各接头有无泄漏。

4) 运动部件

(1) 检查 CRT 显示屏及操作面板。注意报警显示、指示灯的显示情况。
(2) 检查强电柜与数控柜冷却风扇工作是否正常、柜门是否关闭。
(3) 检查限位行程开关是否正常,移动机床观察行程开关行程限制是否有效。
(4) 检查刀架换刀是否正常,转动刀架,观察转塔刀架定位是否准确。
(5) 检查主轴运转是否正常,观察主轴运转情况,注意是否有异常的振动、噪声和高温的情况。
(6) 检查参考点返回是否正常,机械坐标是否正确。
(7) 检查机床防护罩是否齐全有效。

5) 清扫卫生

(1) 清扫铁屑,清除各部件切屑、油垢,做到无死角,保持内外清洁。
(2) 盛液盘清理干净,安装时注意流水孔的对齐。
(3) 擦净导轨部位的冷却液,涂润滑油防止导轨生锈。

思考与练习

1. 练习装工件、装刀操作。
2. 练习数控车床功能按键的操作、手动操作、手轮操作。
3. 练习数控车床对刀。
4. 练习数控程序的输入,将书中的例题程序输入数控系统并进行校验。
5. 练习数控加工仿真系统的使用。

模块二　台阶轴零件的车削加工

任务描述

完成如图 2-1 所示台阶轴零件的加工(该零件为小批量生产,毛坯尺寸为 $\phi40 \times 110$,材料为 45 钢)。

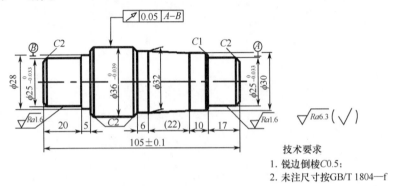

图 2-1　台阶轴零件任务图

任务一　数控车削加工工艺

知识与技能点

- 了解数控车削的加工对象与加工特点;
- 掌握数控车削加工工艺的制定;
- 能合理制定数控车削加工工艺。

1.1　数控车削加工的主要对象

1. 数控车床的加工对象

数控车床是数控机床中的一个类别,是数字程序控制车床的简称,是一种通过数字信息控制机床按给定的运动轨迹对被加工工件进行自动加工的机电一体化加工装备。它是一种高精度、高效率的自动化机床,也是数控加工中用得最多的数控机床之一。

数控车床主要用于精度要求高、表面粗糙度小、轮廓形状复杂的轴类、盘类等回转体零件的加工。能通过数控加工程序的运行,自动完成内外圆柱面、圆锥面、圆弧面、球面、环槽、端面和螺纹等的切削加工,还可以完成一些具有非圆曲线(如椭圆、抛物线、双曲线)轮廓表面的加工,并能进行钻孔、扩孔、铰孔、滚花等工作,如图 2-2 所示。

2. 数控车床的加工特点

与普通车床相比,数控车床有如下加工特点:

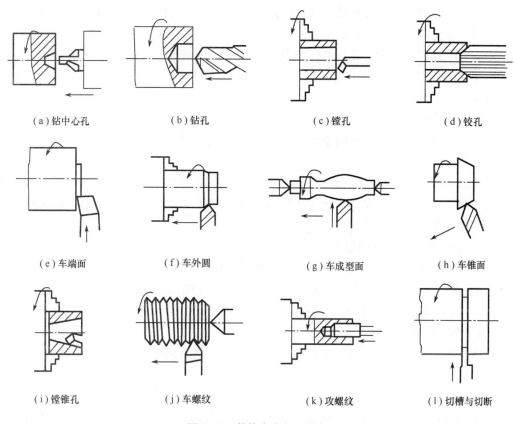

图 2-2 数控车床加工对象

(1) 加工灵活、通用性强、能适应产品的品种和规格频繁变化。
(2) 加工零件精度高,具有稳定的加工质量。
(3) 可进行多坐标的联动,能加工形状复杂的零件。
(4) 生产率高。
(5) 机床自动化程度高,可以减轻劳动强度。
(6) 经济效益良好。因加工精度稳定、废品率低、减少调度环节等,所以整体成本下降,可获得良好的经济效益。
(7) 有利于生产管理的现代化。数控机床使用数字信息与标准代码处理、控制加工,为实现生产过程自动化创造了条件。

1.2 制定数控车削加工工艺

1.2.1 零件图样分析

在设计零件的加工工艺规程时,首先要对加工对象进行深入分析。对于数控车削加工应考虑以下几方面。

1. 构成零件轮廓的几何条件

在手工编程时,要计算每个节点坐标;在自动编程时,要对构成零件轮廓所有几何元素进行定义。因此在分析零件图时应注意以下几点:

（1）零件图上是否漏掉某尺寸,使其几何条件不充分,影响到零件轮廓的构成。

（2）零件图上的图线位置是否模糊或尺寸标注不清,使编程无法下手。

（3）零件图上给定的几何条件是否合理,是否造成数学处理困难。

（4）零件图上尺寸标注方法应适应数控车床加工的特点,应以同一基准标注尺寸或直接给出坐标尺寸。

2. 尺寸精度要求

分析零件图样尺寸精度的要求,以判断能否利用车削工艺达到,并确定控制尺寸精度的工艺方法。

在该项分析过程中,还可以同时进行一些尺寸的换算,如增量尺寸与绝对尺寸及尺寸链计算等。在利用数控车床车削零件时,常常对零件要求的尺寸取最大和最小极限尺寸的平均值作为编程的尺寸依据。

3. 形状和位置精度的要求

零件图样上给定的形状和位置公差是保证零件精度的重要依据。加工时,要按照其要求确定零件的定位基准和测量基准,还可以根据数控车床的特殊需要进行一些技术性处理,以便有效地控制零件的形状和位置精度。

4. 表面粗糙度要求

表面粗糙度是保证零件表面微观精度的重要要求,也是合理选择数控车床、刀具及确定切削用量的依据。

5. 材料与热处理要求

零件图样上给定的材料与热处理要求,是选择刀具、数控车床型号、确定切削用量的依据。

1.2.2 工序的划分

根据数控加工的特点,数控加工工序的划分一般可按下列方法进行。

（1）以一次安装、加工作为一道工序。这种方法适合于加工内容较少的零件,加工完后就能达到待检状态。

（2）以同一把刀具加工的内容划分工序。有些零件虽然能在一次安装中加工出很多待加工表面,但考虑到程序太长,会受到某些限制,如控制系统的限制（主要是内存容量）、机床连续工作时间的限制（如一道工序在一个工作班内不能结束）等。此外,程序太长会增加出错与检索的困难。因此程序不能太长,一道工序的内容不能太多。

（3）以加工部位划分工序。对于加工内容很多的工件,可按其结构特点将加工部位分成几个部分,如内腔、外形、曲面或平面,并将每一部分的加工作为一道工序。

（4）以粗、精加工划分工序。对于经加工后易发生变形的工件,由于对粗加工后可能发生的变形需要进行校形,故一般来说,凡要进行粗、精加工的过程,都要将工序分开。

1.2.3 加工顺序的安排

在数控机床加工过程中,由于加工对象复杂多样,特别是轮廓曲线的形状及位置千变万化,加上材料不同、批量不同等多方面因素的影响,在对具体零件制定加工顺序时,应该进行具体分析和区别对待,灵活处理。只有这样,才能使所制定的加工顺序合理,从而达到质量优、效率高和成本低的目的。

针对数控车削的特点,应遵循下列原则。

1. 先粗后精

为了提高生产效率并保证零件的精加工质量,在切削加工时,应先安排粗加工工序,在较短的时间内,将精加工前大量的加工余量去掉,同时尽量满足精加工的余量均匀性要求。

当粗加工工序安排完后,再安排换刀后进行的半精加工和精加工。其中,安排半精加工的目的是,当粗加工后所留余量的均匀性满足不了精加工要求时,则可安排半精加工作为过渡性工序,以便使精加工余量小而均匀,如图2-3所示。

2. 先近后远

在一般情况下,特别是在粗加工时,通常安排离对刀点近的部位先加工,离对刀点远的部位后加工,以便缩短刀具移动距离,减少空行程时间。对于车削加工,先近后远有利于保持毛坯件或半成品件的刚性,改善其切削条件。

例如,当加工如图2-4所示零件时,如果按 $\phi38 \rightarrow \phi36 \rightarrow \phi34$ 的次序安排车削,不仅会增加刀具返回对刀点所需的空行程时间,而且还可能使台阶的外直角处产生毛刺(飞边)。对这类直径相差不大的台阶轴,当第一刀的切削深度(图中最大切削深度可为3mm左右)未超限时,宜按 $\phi34 \rightarrow \phi36 \rightarrow \phi38$ 的次序先近后远地安排车削。

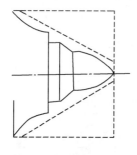

图2-3 先粗后精示例

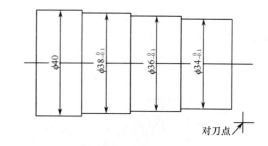

图2-4 先近后远示例

3. 内外交叉

对既有内表面(内型腔),又有外表面需加工的零件,安排加工顺序时,应先进行内外表面粗加工,后进行内外表面精加工。切不可将零件上一部分表面(外表面或内表面)加工完毕后,再加工其他表面(内表面或外表面)。

4. 基面先行原则

用作精基准的表面应优先加工出来,因为定位基准的表面越精确,装夹误差就越小。例如轴类零件加工时,总是先加工中心孔,再以中心孔为精基准加工外圆表面和端面。

上述原则并不是一成不变的,对于某些特殊情况,则需要采取灵活可变的方案。如有的工件就必须先精加工后粗加工,才能保证其加工精度与质量。这些都有赖于编程者实际加工经验的不断积累与学习。

1.2.4 进给路线的确定

进给路线是刀具在整个加工工序中相对于工件的运动轨迹,它不但包括了工步的内容,而且也反映出工步的顺序。进给路线也是编程的依据之一。

进给路线的确定首先必须保持被加工零件的尺寸精度和表面质量,其次考虑数值计算简单、进给路线尽量短、效率较高等。因精加工的进给路线基本上都是沿其零件轮廓顺序进行的,因此确定进给路线的工作重点是确定粗加工及空行程的进给路线。

1. 粗加工进给路线的确定

(1) 矩形循环进给路线。利用数控系统的矩形循环功能,确定矩形循环进给路线,如图2-5所示。这种进给路线刀具切削时间最短,刀具损耗最小,为常用的粗加工进给路线。

(2) 三角形循环进给路线。利用数控系统的三角形循环功能,确定三角形循环进给路线,如图2-6所示。

(3) 沿工件轮廓循环进给路线。利用数控系统的复合循环功能,确定沿工件轮廓循环进给路线,如图2-7所示。这种进给路线刀具切削总行程最长,一般只适用于单件小批量生产和仿形加工。

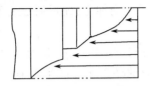
图2-5 "矩形"循环

图2-6 "三角形"循环

图2-7 沿工件轮廓循环

(4) 阶梯切削进给路线。当零件毛坯的切削余量较大时,可采用阶梯切削进给路线。如图2-8所示,在同样背吃刀量的条件下,按图2-8(a)的阶梯进给路线加工,所剩的余量过多。应按图2-8(b)1→5的顺序切削,每次切削所留余量相等。

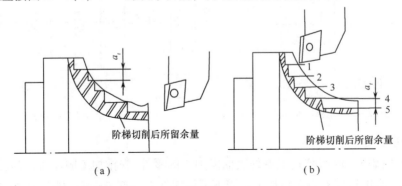

图2-8 阶梯切削进给路线

2. 精加工进给路线的确定

(1) 各部位精度要求一致的进给路线。在多刀进行精加工时,最后一刀要连续加工,并要合理安排进、退刀位置,尽量不要在光滑连接的轮廓上安排切入、切出、换刀及停顿,以免因切削力变化而造成弹性变形,产生表面划伤、形状突变或滞留刀痕等缺陷。

(2) 各部位精度要求不一致的进给路线。当各部位精度要求相差不大时,要以精度要求高的部位为准,连续加工所有部位;当各部位精度要求相差较大时,可将精度相近的部位安排在同一进给路线,并先加工精度低的部位,再加工精度高的部位。

(3) 刀具的切入、切出及接刀位置选择。尽量使刀具沿轮廓的切线方向切入、切出;或将切入、切出及接刀位置选择在工件上有空刀槽或表面间有拐点、转角的位置,不应选在曲线相切或光滑连接的部位。

(4) 确定最短的空行程路线。确定最短的走刀路线,除了依靠大量的实践经验外,还应善于分析,必要时辅以一些简单计算。如图2-9所示,起刀点的设置不同,刀具的空行程路线长短就有所不同。

图2-9(a)将起刀点与换刀点重合为A,空行程路线较长;而图2-9(b)则是将起刀点与换刀点分离,将起刀点设于图示B点位置,换刀点设于图示A点位置,空行程路线短。

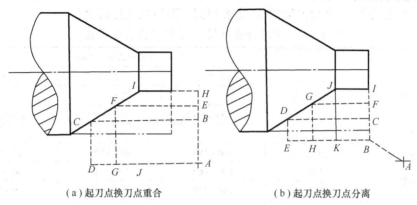

(a) 起刀点换刀点重合　　　　(b) 起刀点换刀点分离

图2-9　起刀点设置示例

1.2.5　刀具的选择

刀具的选择是数控加工工序中的重要内容这一,它不仅影响机床的加工效率,而且直接影响加工质量。另外,数控机床主轴转速比普通机床高1~2倍,且主轴输出功率大,因此与传统加工方法相比,数控加工对刀具的要求更高,不仅要求精度高、强度大、刚度好、耐用度高,而且要求尺寸稳定、安装高速方便。

刀具的选择应考虑工件材质、加工轮廓类型、机床允许的切削用量和刚性以及刀具耐用度等因素。一般情况下应优先选用标准刀具(特别是硬质合金可转位刀具),必要时也可采用各种高效的复合刀具及其他一些专用刀具。对于硬度大的难加工工件,可选用整体硬质合金、陶瓷刀具、金刚石刀具等。刀具的类型、规格和精度等级应符合加工要求。

1.2.6　切削用量的选择

数控车削加工中,切削用量是表示机床主体的主运动和进给运动大小的重要参数,包括背吃刀量、进给量和主轴转速,并与普通机床加工中所要求的各切削用量对应一致。切削用量选择是否合理,对于能否充分发挥机床潜力与刀具切削性能,实现优质、高产、低成本和安全操作具有很重要的作用。

1. 背吃刀量 a_p 的确定

背吃刀量是指在垂直于进给方向上,待加工表面与已加工表面间的距离。

当机床主体、夹具、刀具、零件间的工艺系统刚性和机床功率允许时,尽可能选取较大的背吃刀量,以减少走刀次数,提高生产效率。当零件精度要求较高时,则应考虑留出精车余量,其所留的精车余量一般比普通车削时所留余量小,常取0.1~0.5mm。

2. 主轴转速的确定

主轴转速应根据零件上被加工部位的直径与切削速度确定,其计算公式为

$$n = \frac{1000V_c}{\pi d}$$

式中:n 为主轴转速(r/min);V_c 为切削速度(m/min);d 为零件上被加工部位的直径(mm)。

切削速度又称线速度,是指切削时刀具切削刃上某点相对于待加工表面在主运动方向上的瞬时速度。在确定主轴转速前,需要按零件和刀具的材料及加工性质(如粗、精加工)等条件确定其允许的切削速度。切削速度除了计算和查表选取外,还可以根据实践经验确定。表 2-1 为硬质合金外圆车刀切削速度的参考值。如何确定加工时的切削速度,除了可参考表 2-1 列出的数值外,主要根据实践经验进行确定。

表 2-1 硬质合金外圆车刀切削速度参考值

工件材料	热处理状态	背吃刀量 a_p/mm		
		(0.3,2)	(2,6)	(6,10)
		f/(mm/r)		
		(0.08,0.3)	(0.3,0.6)	(0.6,1)
		V_c/(m/min)		
低碳钢、易切钢	热轧	140~180	100~120	70~90
中碳钢	热轧	130~160	90~110	60~80
	调质	100~130	70~90	50~70
合金结构钢	热轧	100~130	70~90	50~70
	调质	80~110	50~70	40~60
工具钢	退火	90~120	60~80	50~70
灰铸铁	HBS<190	90~120	60~80	50~70
	HBS=190~225	80~110	50~70	40~60
高锰钢		10~20		
铜及铜合金		200~250	120~180	90~120
铝及铝合金		300~600	200~400	150~200
铸铝合金(w_{Si}13%)		100~180	80~150	60~100

3. 进给量 f

进给量 f 主要是指在单位时间里,刀具沿进给方向移动的距离。绝大多数的数控车床,其单位为 mm/min 或 mm/r。

1) 进给量 f 的确定原则

(1) 在能保证工件加工质量的前提下或在粗加工时,为提高生产效率,可以选择较高的进给量。

(2) 在切断、车削深孔或精车时,应选择较低的进给量。

(3) 当刀具空行程特别是远距离"回零"时,可以设定尽量高的进给速度。

(4) 切削时的进给量应于主轴转速和切削深度等切削用量相适应,不能顾此失彼。

2) 进给量 f 的确定

(1) 每转进给量的确定:粗车时,一般取 $f=0.3\sim0.8$ mm/r,精车时常取 $f=0.1\sim0.3$ mm/r,切断时 $f=0.05\sim0.2$ mm/r。

(2) 每分钟进给量的计算:每分钟进给量的计算公式为

$$F = nf$$

式中:F 为每分钟进给量(mm/min);n 为主轴转速(r/min);f 为每转进给量(mm/r)。

4. 切削用量选择总体原则

粗车时,首先考虑选择一个尽可能大的背吃刀量 a_p,其次选择一个较大的进给量 f,最后确定一个合适的切削速度 V_c。增大背吃刀量 a_p 可使走刀次数减少,增大进给量 f 有利于断屑,因此根据以上原则选择粗车切削用量对于提高生产效率、减少刀具消耗、降低加工成本是有利的。

精车时,加工精度和表面粗糙度要求较高,加工余量不大且较均匀,因此选择精车切削用量时,应着重考虑如何保证加工质量,并在此基础上尽量提高生产率。因此精车时应选用较小(但不太小)的背吃刀量 a_p 和进给量 f,并选用切削性能高的刀具材料和合理的几何参数,以尽可能提高切削速度 V_c。

1.2.7 工艺卡片的填写

编写数控加工工艺文件是数控加工工艺分析结果的具体表现。这些工艺文件既是数控加工和产品验收的依据,也是操作者要遵守和执行的规程,同时还是以后产品零件加工生产在技术上的工艺资料的积累和储备。不同的数控机床和加工要求,工艺文件的内容和格式有所不同,因目前尚无统一的国家标准,各企业可根据自身特点制定出相应的工艺文件。下面介绍几种常用的主要工艺文件。

1. 机械加工工艺过程卡

机械加工工艺过程卡(工艺路线卡)以工序为单位,简要地列出整个零件加工所经过的工艺路线(包括毛坯制造、机械加工和热处理等)。它是制订其他工艺文件的基础,也是生产准备、编排作业计划和组织生产的依据。在这种卡片中,由于各工序的说明不够具体,故一般不直接指导工人操作,而多作为生产管理方面使用。但在单件小批量生产中,由于通常不编制其他较详细的工艺文件,而就以这种卡片指导生产。其格式见表 2-2。

2. 数控加工工序卡

数控加工工序卡是根据机械加工工艺卡片为一道工序制定的。它更具体地说明整个零件各个工序的要求,是用来具体指导工人操作的工艺文件。在这种卡片上要画工序简图,说明该工序每一工步的内容、工艺参数、操作要求以及所用的设备及工艺装备。一般用于大批量生产的零件,其格式见表 2-3。

3. 数控加工刀具卡

数控加工刀具卡主要反映刀具编号、刀具名称、刀具规格及刀具(刀片)材料等,是调刀人员调整刀具、机床操作人员进行刀具数据输入的主要依据,其格式见表 2-4。

1.3 台阶轴零件工艺的制定

1.3.1 零件图工艺分析

1. 加工内容及技术要求

该零件主要加工要素:$\phi 25_{-0.033}^{0} \times 20$ 的外圆,$\phi 28 \times 5$ 的外圆,$\phi 36_{-0.039}^{0}$ 的外圆,$\phi 32 \times 6$ 的外圆,$\phi 30 \sim \phi 32$ 的锥面,$\phi 30 \times 10$ 的外圆和 $\phi 25_{-0.033}^{0} \times 17$ 的外圆,以及 $C2$ 的倒角四处,$C1$ 的倒角一处,并保证总长为 105 ± 0.1。

零件尺寸标注完整、无误,轮廓描述清晰,技术要求清楚明了。

零件毛坯为 $\phi 40 \times 110$ 的 45 钢,切削加工性能较好,无热处理要求。

未注倒角按 $C2$ 加工,未注尺寸按 GB/T 1804—f。

表 2-2 机械加工工艺过程卡

（工厂）		机械工艺过程卡		产品型号		零件图号			共 页	第 页
				产品名称		零件名称				
材料牌号		毛坯种类		毛坯外形尺寸		每毛坯可制件数		每台件数		备注
工序号	工序名称		工序内容		车间	工段	设备	工艺装备		工时/min
									准终	单件
描图										
描校										
底图号								设计（日期）	审核（日期）	标准化（日期）	会签（日期）
装订号										
标记	处数	更改文件号	签字	日期	标记	处数	更改文件号	签字	日期	

表 2–3 数控加工工序卡

(工厂)	数控加工工序卡		产品型号		零件图号		共 页	第 页
			产品名称		零件名称			
			车间	工序号	工序名称	材料牌号		
			毛坯种类	毛坯外形尺寸	每毛坯可制件数	每台件数		
			设备名称	设备型号	设备编号	同时加工件数		
				夹具编号	夹具名称	切削液		
				工位器具编号	工位器具名称	工序工时	准终	单件
工步号	工步名称	工艺装备	主轴转速 /(r/min)	切削速度 /(m/min)	进给量 /(mm/r)	背吃刀量 /mm	进给次数	工时 机动 单件
						设计 (日期)	审核 (日期)	标准化 (日期)	会签 (日期)
标记	处数	更改文件号	签字	日期	标记	处数	更改文件号	签字 日期
描图								
描校								
底图号								
装订号								

表2-4 数控加工刀具卡片

产品名称或代号		零件名称		零件图号		备注
工步号	刀具号	刀具名称	刀具规格	刀具材料		
编制		审核		批准		共 页 第 页

2. 零件加工要求

(1) 零件的尺寸公差分析。根据图2-1可知该零件左右两端φ25的外圆尺寸公差为上偏差0,下偏差-0.033;外圆φ36尺寸公差为上偏差0,下偏差-0.039;总长105的尺寸公差为±0.1。

(2) 零件的形位公差分析。$\phi 36_{-0.039}^{0}$的外圆轴的任意正截面相对于左右两端$\phi 25_{-0.033}^{0}$的外圆轴公共轴线的径向圆跳动公差为0.05。

(3) 零件表面粗糙度分析。表面粗糙度是保证零件表面微观精度的重要要求,也是合理选则机床、刀具和确定切削用量的依据。从零件图样可知:左右两端φ25的外圆表面粗糙度要求均为$Ra1.6\mu m$,其余表面质量要求$Ra6.3\mu m$。

3. 加工方法

由于$\phi 25_{-0.033}^{0}\times 20$的外圆、$\phi 36_{-0.039}^{0}$的外圆和$\phi 25_{-0.033}^{0}\times 17$的外圆表面质量要求较高,零件拟选择粗车→精车的方法进行加工。

1.3.2 机床的选择

根据零件的结构特点、加工要求及现有设备情况,数控车床选用配备有FANUC-0i系统或华中世纪星系统的CAK6140。其主要技术参数见表1-2。

1.3.3 装夹方案的确定

根据工艺分析,该零件在数控车床上的装夹都采用三爪卡盘。装夹方法如图2-10、图2-11所示,先以毛坯右端为粗基准加工左端面,再调头以左端$\phi 25_{-0.033}^{0}$外圆为精基准加工右端面。

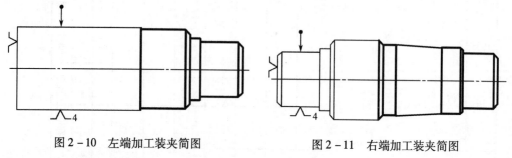

图2-10 左端加工装夹简图　　图2-11 右端加工装夹简图

1.3.4 工艺过程卡片制定

根据以上分析制定零件机械加工工艺过程卡,见表2-5。

表 2-5 零件机械加工工艺过程卡

（工厂）		机械工艺过程卡		产品型号		零件图号			共1页	第1页
				产品名称		零件名称				
材料牌号	毛坯种类	毛坯外形尺寸		每毛坯可制件数		1	连接轴	每台件数	备注	
45 钢	棒料	φ40×110								
工序号	工序名称	工序内容				车间	工段	设备	工艺装备	工时/min
										准终 | 单件
1	备料	备 φ40×110 的 45 钢棒料						锯床		
2	数车	粗、精车左端面，φ25$_{-0.033}^{0}$×20 外圆柱与 C2 的倒角，φ28×5 外圆柱，C2 的倒角以及 φ36$_{-0.039}^{0}$ 的外圆柱至图纸精度要求						CAK6140VA	三爪卡盘	
		调头，粗、精车右端面，φ25$_{-0.033}^{0}$×17 外圆柱与 C2 的倒角，φ30×10 外圆柱与 C1 的倒角，φ30~φ32 的倒角与 C2 的外圆锥面，φ32×6 外圆柱以及 C2 的倒角至图纸精度要求，并保证总长 105±0.1								
3	钳工	去毛刺								
4	检验	按图样检查零件尺寸及精度								
5	入库	油封，入库								
								设计（日期）	审核（日期）	标准化（日期） | 会签（日期）
标记	处数	更改文件号	签字	日期	标记	处数	更改文件号	签字	日期	

1.3.5 加工顺序的确定

加工时,先粗车左端面、左端 $\phi25_{-0.033}^{0} \times 20$ 外圆柱与 $C2$ 的倒角、$\phi28 \times 5$ 外圆柱、$C2$ 的倒角以及 $\phi36_{-0.039}^{0}$ 的外圆柱;再精车左端面、左端 $\phi25_{-0.033}^{0} \times 20$ 外圆柱与 $C2$ 的倒角、$\phi28 \times 5$ 外圆柱、$C2$ 的倒角以及 $\phi36_{-0.039}^{0}$ 的外圆柱至图纸精度要求。调头后,先粗车右端面、$\phi25_{-0.033}^{0} \times 17$ 外圆柱与 $C2$ 的倒角、$\phi30 \times 10$ 外圆柱与 $C1$ 的倒角、$\phi30 \sim \phi32$ 的外圆锥面、$\phi32 \times 6$ 外圆柱以及 $C2$ 的倒角;再精车右端面、$\phi25_{-0.033}^{0} \times 17$ 外圆柱与 $C2$ 的倒角、$\phi30 \times 10$ 外圆柱与 $C1$ 的倒角、$\phi30 \sim \phi32$ 的外圆锥面、$\phi32 \times 6$ 外圆柱以及 $C2$ 的倒角至图纸精度要求,并保证总长 105 ± 0.1。

1.3.6 刀具与量具的确定

根据零件加工要素选用合适的刀具,具体刀具型号见表 2-6。

该零件测量要素类型较多,需选用多种量具,具体量具型号见表 2-7。

表 2-6 数控加工刀具卡片

产品名称或代号		零件名称		零件图号		备注
工步号	刀具号	刀具名称	刀具规格		刀具材料	
1/2/3/4	T01	外圆车刀	93°		硬质合金	
编制		审核		批准		共1页 第1页

表 2-7 量具卡片

产品名称或代号		零件名称		零件图号	
序号	量具名称		量具规格	精度	数量
1	游标卡尺		0~150mm	0.02mm	1把
2	钢板尺		0~125mm	0.1mm	1把
3	外径千分尺		25~50mm	0.01mm	1把
编制		审核		批准	共1页 第1页

1.3.7 数控车削加工工序卡片

制定零件数控车削加工工序卡见表 2-8、表 2-9。

表 2－8　零件数控车削加工工序卡 1

(工厂)	数控加工工序卡		产品型号		零件图号		共 2 页	第 1 页
			产品名称		零件名称	连接轴		
		车间	工序号	工序名称		材料牌号	45 钢	
		数控	2	数车				
		毛坯种类	毛坯外形尺寸		每毛坯可制件数	同时加工件数		
		棒料	φ40×110		1			
		设备名称	设备型号		设备编号	切削液		
		数控车床	CAK6140VA					
		夹具编号			夹具名称	工序工时		
					三爪卡盘	准终	单件	
		工位器具编号			工位器具名称			
工步号	工步名称	工艺装备	主轴转速 /(r/min)	切削速度 /(m/min)	进给量 /(mm/r)	背吃刀量 /mm	进给次数	工时 机动 单件
1	按图夹持毛坯外圆，粗车左端面，左端 $\phi 25_{-0.033}^{0}$ × 20 外圆柱与 C2 的倒角、$\phi 28\times 5$ 外圆柱、C2 的倒角，X 轴方向留 0.5 余量，Z 轴方向留 0.1 余量，以及 $\phi 36_{-0.039}^{0}$ 的外圆柱至图纸精度要求	93°外圆车刀	800	140	0.2	2		
2	精车左端面、左端 $\phi 25_{-0.033}^{0}\times 20$ 外圆柱、C2 的倒角、$\phi 28\times 5$ 外圆柱、C2 的倒角以及 $\phi 36_{-0.039}^{0}$ 的外圆柱至图纸精度要求	93°外圆车刀	1200	205	0.1	0.25		
					设计 (日期)	审核 (日期)	标准化 (日期)	会签 (日期)
标记	处数	更改文件号	签字	日期	标记	处数	更改文件号	日期

描图

描校

底图号

装订号

表 2-9 零件数控车削加工工序卡 2

(工厂)	数控加工工序卡		产品型号		零件图号		共 2 页	第 2 页
			产品名称		零件名称			
			车间	工序号	工序名称	材料牌号		
			数控	2	数车	45 钢		
			毛坯种类	毛坯外形尺寸	每毛坯可制件数	每台件数		
			棒料	φ40×110	1			
			设备名称	设备型号	设备编号	同时加工件数		
			数控车床	CAK6140VA				
			夹具编号		夹具名称	切削液		
					三爪卡盘			
			工位器具编号		工位器具名称	工序工时		
						准终	单件	
工步号	工步名称	工艺装备	主轴转速/(r/min)	切削速度/(m/min)	进给量/(mm/r)	背吃刀量/mm	进给次数	工时 机动 | 单件
3	调头装夹 φ25$_{-0.033}^{0}$ × 20 的外圆, 粗车右端面, φ25$_{-0.033}^{0}$ × 17 外圆柱与 C2 的外圆锥角, φ30×10 的外圆柱, φ30~φ32 的外圆锥面, φ32×6 外圆柱与 C1 的倒角以及 C2 的外圆柱的倒角, X 轴方向留 0.5 余量, Z 轴方向留 0.1 余量	93°外圆车刀	800	140	0.2	2		
4	精车右端面, φ25$_{-0.033}^{0}$ × 17 外圆柱与 C1 外圆锥角, φ30×10 外圆柱与 C2 的倒圆角, φ30~φ32 的外圆锥面, φ32×6 外圆柱与 C2 的倒角以及 C1 的外圆柱的倒角至图纸精度要求, 并保证总长 105±0.1	93°外圆车刀	1200	205	0.1	0.25		
					设计(日期)	审核(日期)	标准化(日期)	会签(日期)
标记	处数	更改文件号	签字	日期	标记	处数	更改文件号	签字 日期
描图								
描校								
底图号								
装订号								

任务二 台阶轴零件的编程

知识与技能点
- 掌握数控车削编程的基础知识;
- 掌握直线轮廓的编程方法;
- 能进行台阶轴零件的编程。

2.1 编程基础知识

2.1.1 数控编程的内容及步骤

数控编程的步骤如图 2-12 所示。

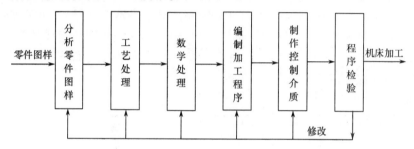

图 2-12 数控编程的步骤

数控编程的具体内容如下:

(1) 分析零件图样。主要进行零件轮廓分析,零件尺寸精度、形位精度、表面粗糙度、技术要求的分析以及零件材料、热处理等要求的分析。

(2) 确定加工工艺。选择加工方案,确定加工路线,选择定位与夹紧方式,选择刀具,选择各项切削参数,选择对刀点、换刀点等。

(3) 数值计算。选择编程坐标系原点,对零件轮廓上各基点或节点进行准确的数值计算,为编写加工程序单作好准备。

(4) 编写加工程序单。根据数控机床规定的指令及程序格式编写加工程序单。

(5) 制作控制介质。简单的数控加工程序可直接通过键盘进行手工输入。当需要自动输入加工程序时,必须预先制作控制介质。现在大多数程序采用软盘、移动存储器、硬盘作为存储介质,采用计算机传输进行自动输入。

(6) 程序校验。加工程序必须经过校验并确认无误后才能使用。程序校验一般采用机床空运行的方式进行,有图形显示功能的机床可直接在 CRT 显示屏上进行校验,另外还可采用计算机数控模拟等方式进行校验。

2.1.2 数控编程的方法

数控程序的编制方法主要有两种:手工编程和自动编程。

1. 手工编程

手工编程是指所有编制加工程序的全过程,即图样分析、工艺处理、数值计算、编写程序单、制作控制介质、程序校验都由手工完成,如图 2-13 所示。

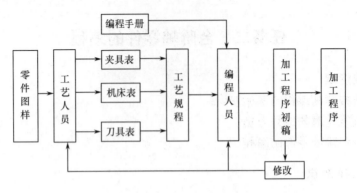

图 2-13　手工编程的步骤

手工编程不需要计算机、编程器、编程软件等辅助设备,只需要有合格的编程人员即可完成。手工编程具有编程快速、及时的优点,但其缺点是不能进行复杂曲面的编程。手工编程比较适合批量较大、形状简单、计算方便、轮廓由直线或圆弧组成的零件的加工。对于形状复杂的零件,特别是具有非圆曲线、列表曲线及曲面的零件,采用手工编程则比较困难,最好采用自动编程的方法进行编程。

2. 自动编程

自动编程是指用计算机编制数控加工程序的过程。

自动编程的优点是效率高,程序正确性好。自动编程由计算机代替人完成复杂的坐标计算和书写程序单的工作,它可以解决许多手工编制无法完成的复杂零件编程的难题,但其缺点是必须具备自动编程系统或编程软件。自动编程较适合于形状复杂零件的加工程序编制,如模具加工、多轴联动加工等。

采用 CAD/CAM 软件自动编程与加工的过程:图样分析→零件造型→生成刀具轨迹→后置处理生成加工程序→程序校验→程序传输并进行加工。

2.1.3　程序的结构与格式

1. 程序结构

一个完整的零件加工程序,主要由程序名、程序主体、程序结束指令组成。下面是一个小程序:

程序名:　　　　O1234;
程序主体:　　　N01 T0101;
　　　　　　　　N02 M03 S1000;
　　　　　　　　N03 G00 X100 Z100;
　　　　　　　　…
程序结束指令:N10 M30;

(1) 程序名:是该加工程序的标识,一般由 O 或 % 和 1~4 位正整数组成,一般要求单列一段。

(2) 程序主体:由若干个程序段组成,每个程序段单列一行。

(3) 程序结束指令:可以用 M02 或 M30,一般要求单列一段。

2. 程序段的格式

程序段的格式,是指一个程序段中指令字的排列顺序和书写规则,不同的数控系统往往有不同的程序段格式,格式不符合规定,数控系统就不能接受。目前广泛采用的是地址符可变程序段格式(或者称字地址程序段格式)。

格式:N_ G_ X_ Y_ Z_ F_ S_ T_ M_

特点:程序段中的每个指令字均以字母(地址符)开始,其后再跟符号和数字;指令字在程序段中的顺序没有严格的规定,即可以任意顺序书写;不需要的指令字或者与上段相同的续效代码可以省略不写。例如:

N30 G01 X88.1 Y30.2 F500 S3000 T02 M07

N40 X90(本程序段省略了续效字"G01,Y30.2,F500,S3000,T02,M07",但它们的功能仍然有效)

3. 字的功能

1)顺序号字 N

顺序号又称程序段号或程序段序号。顺序号位于程序段之首,由顺序号字 N 和后续数字组成。顺序号字 N 是地址符,后续数字一般为 1~4 位的正整数。数控加工中的顺序号实际上是程序段的名称,与程序执行的先后顺序无关。数控系统不是按顺序号的顺序来执行程序,而是按照程序段编写时的排列顺序逐段执行。

2)准备功能字 G

准备功能字的地址符是 G,又称为 G 功能或 G 指令,是用于建立机床或控制系统工作方式的一种指令,后续数字一般为 1~3 位正整数。

3)尺寸字

尺寸字用于确定机床上刀具运动终点的坐标位置。其中,第一组 X,Y,Z,U,V,W 等用于确定终点的直线坐标尺寸;第二组 A,B,C 等用于确定终点的角度坐标尺寸;第三组 I,J,K 用于确定圆弧轮廓的圆心坐标尺寸。在一些数控系统中,还可以用 P 指令暂停时间、用 R 指令圆弧的半径等。

4)进给功能字 F

进给功能字的地址符是 F,又称为 F 功能或 F 指令,用于指定切削的进给速度。对于车床,F 可分为主轴每转进给和每分钟进给两种。其中,华中数控系统默认为每分钟进给。

FANUC 系统中:

(1)每分钟进给量

编程格式:G98 F_

F:每分钟进给量,单位为 mm/min。例如:G98 F100 表示进给量为 100mm/min。

(2)每转进给量

编程格式:G99 F_

F:每转进给量,单位为 mm/r。例如:G99 F0.2 表示进给量为 0.2mm/r。

说明:F 指令在螺纹切削程序段中常用来指令螺纹的导程。

5)主轴转速功能字 S

主轴转速功能字的地址符是 S,又称为 S 功能或 S 指令,用于指定主轴转速,单位为 r/min。

对于具有恒线速度功能的数控车床,程序中的 S 指令还可以用来指定车削加工的线速度,单位为 m/min。华中数控系统一般默认的是转速 r/min。

FANUC系统中:

(1) 恒线速控制

编程格式:G96 S_

S:恒定的线速度,单位为m/min。例如:G96 S150 表示切削点线速度控制在150m/min。

注意:使用恒线速度功能,主轴必须能自动变速,并应在系统参数中设定主轴最高限速。

(2) 恒转速控制

编程格式:G97 S_

S:恒线速度控制取消后的主轴转速。例如:G97 S3000 表示恒线速控制取消后主轴转速3000 r/min。

(3) 最高转速限制

编程格式:G50 S_

S后面的数字表示的是主轴的最高转速,单位为 r/min;

P:最高转速,单位为 r/min。例如:G50S3000 表示设定主轴最高转速限制为3000r/min。

6) 刀具功能字 T

刀具功能字的地址符是T,又称为T功能或T指令,用于指定加工时所用刀具的编号。对于数控车床,其后的数字还兼作指定刀具长度补偿和刀尖半径补偿用。

数控车床中,T后面通常有四位数字,前两位是刀具号,后两位既是刀具长度补偿号,又是刀尖圆弧半径补偿号。如后两位数为0,表示取消刀具补偿。

例如:T0303 表示选用3号刀及3号刀具长度补偿值和刀尖圆弧半径补偿值。T0300 表示取消刀具补偿。

7) 辅助功能字 M

辅助功能字的地址符是 M,后续数字一般为1~3位正整数,又称为M功能或M指令,用于指定数控机床辅助装置的开关动作,常用M代码见表2-10。

表2-10 M代码功能字说明

代码	模态	功能说明	代码	模态	功能说明
M00	非模态	程序停止	M03	模态	主轴正转起动
M02	非模态	程序结束	M04	模态	主轴反转起动
M30	非模态	程序结束并返回程序起点	M05	★模态	主轴停止转动
			M06	非模态	换刀
M98	非模态	调用子程序	M08	模态	切削液打开
M99	非模态	子程序结束	M09	★模态	切削液停止

2.1.4 基点的计算

基点即是轮廓各几何要素的交点。在编程时,需要对各个基点坐标位置进行定义,即给出各个节点的坐标值。

1. 绝对编程和相对(增量)编程

在加工程序中,基点坐标值的给定有绝对尺寸和增量尺寸两种方式。

绝对坐标是指每个编程坐标轴上的编程值是相对于编程原点给出的,编程时,用 X、Z 表示 X 轴、Z 轴的绝对坐标值。

相对坐标是指每个编程坐标轴上的编程值是相对于前一位置而言给出的,该值等于沿轴移动的距离,编程时用 U、W 表示 X 轴、Z 轴的相对坐标值。

选择合适的编程方式可使编程简化。当图纸尺寸由一个固定基准给定时,采用绝对方式编程较为方便;而当图纸尺寸是以轮廓顶点之间的间距给出时,采用相对方式编程较为方便。

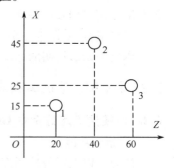

图 2-14 基点的确定

如图 2-14 所示,要求刀具由 1 点移动到 2 点,然后到达 3 点。由 1 点移动到 2 点时,2 点的绝对坐标为(X45.0,Z40.0),增量坐标为(U30.0,W20.0)。由 2 点移动到 3 点时,3 点的绝对坐标为(X25.0,Z60.0),增量坐标为(U-20.0,W20.0)。

例 2.1 如图 2-15 所示,现将刀具定位在起刀点 K,按 $K-O-A-B-C-D-E-F-G$ 的走刀路线加工,计算各基点的坐标值。

(1)设置编程坐标系将编程原点设定在右端面与工件轴线的交点处,标注出编程坐标系,如图 2-16 所示。

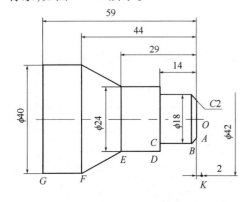

图 2-15 基点计算图

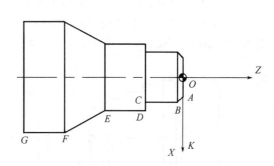

图 2-16 坐标系设置

(2)基点计算。根据图 2-16 中的编程坐标系,各基点的绝对坐标值及增量坐标值见表 2-11。

表 2-11 基点的绝对坐标与增量坐标

	绝对坐标值(X,Z)		增量坐标值(U,W)
O	0,0	O	-42.0,-2.0
A	14.0,0	A	14.0,0
B	18.0,-2.0	B	4.0,-2.0
C	18.0,-14.0	C	0,-12.0
D	24.0,-14.0	D	6.0,0
E	24.0,-29.0	E	0,-15.0
F	40.0,-44.0	F	16.0,-15.0
G	40.0,-59.0	G	0,-15.0

2. 直径编程和半径编程

在数控车削编程中，X 坐标值有两种表示方法，即直径编程和半径编程。

直径编程：在绝对坐标方式编程中，X 值为零件的直径值，增量方式编程中，X 为刀具径向实际位移量的 2 倍。由于零件在图样上的标注及测量多为直径表示，所以大多数数控车削系统采用直径编程。常见 FANUC 系统是采用直径编程。

半径编程：采用半径编程，即 X 值为零件半径值或刀具实际位移量。

本书中未做说明的均采用直径编程的方式进行编程。

2.2 FANUC 系统编程基本指令

2.2.1 快速点定位指令 G00

1. 指令功能

使刀具以点定位控制方式从刀具所在的位置，按各轴设定的最高允许速度移动到指定点，属于模态指令。

2. 编程格式

G00 X(U)_ Z(W)_;

X:定位点 X 轴终点坐标值(绝对坐标值)；
Z:定位点 Z 轴终点坐标值(绝对坐标值)；
U:定位点 X 轴终点坐标值(相对坐标值)；
W:定位点 Z 轴终点坐标值(相对坐标值)。

例 2.2 如图 2-17 所示的刀具移动，用绝对方式编程为 G00 X20.0 Z0；用增量方式编程为 G00 U-30.0 W-10.0。

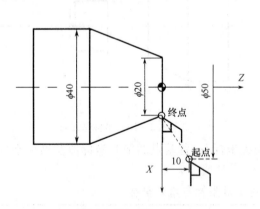
图 2-17 G00 走刀

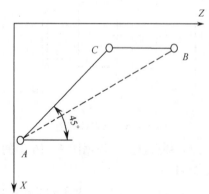
图 2-18 G00 走刀路线

3. 指令说明

(1) G00 指令为快速移动指令，其移动速度不能用进给功能 F 控制，而由系统参数控制。

(2) 车削加工时，G00 的快速移动过程中不能与工件发生接触。定位目标点不能直接选在工件上，一般要离工件表面至少 1~2mm。

(3) G00 指令对运动轨迹没有要求。刀具的走刀路线往往不是直线，而是折线。如图 2-18 所示，用 G00 使刀具从 A 移动到 B，刀具先走一条 45°斜线到达 C 点，再到达 B 点。

2.2.2 直线插补指令 G01

1. 指令功能

使刀具以指令给定的轨迹(直线)和指令给定的速度移动到目标点。

2. 编程格式

G01 X(U)_ Z(W)_ F_;

X:直线插补 X 轴终点坐标值(绝对坐标值);

Z:直线插补 Z 轴终点坐标值(绝对坐标值);

U:直线插补 X 轴终点坐标值(相对坐标值);

W:直线插补 Z 轴终点坐标值(相对坐标值);

F:直线插补进给速度(每转进给或每分钟进给)。

例 2.3 如图 2-19 所示,用绝对方式编程为 G01 X40.0 Z-26.0 F0.2;用增量方式编程为 G00 U20.0 W-26.0 F0.2。

3. 编程举例

例 2.4 如图 2-20 所示零件,该零件各表面已完成粗加工,要求完成该零件精加工。

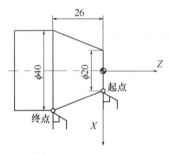

图 2-19 G01 走刀

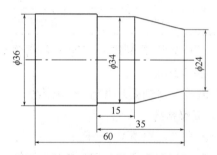

图 2-20 加工零件

(1) 将编程原点设在右端面与工件轴线的交点处,编程坐标系如图 2-21 所示。

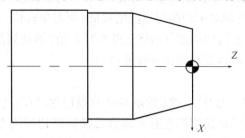

图 2-21 编程坐标系设定

(2) 精加工程序与说明见表 2-12。

表 2-12 精加工程序与说明

程　　序	程 序 说 明
O1234;	程序名
T0101;	设立坐标系,选 1 号刀,1 号刀补
M03 S1000;	主轴正转,转速 1000r/min

(续)

程 序	程序说明
G00 X100.0Z100.0;	定义起刀点
X40.0Z5.0;	快速到达切削起点
G01 X0F0.2;	切削至端面轴心延长线,进给速度0.2mm/r
Z0F0.1;	切入端面,进给速度0.1mm/r
X24.0;	加工端面
X34.0Z-20.0;	加工锥面
Z-35.0;	加工圆柱面
X40.0;	直线退刀
G00 Z5.0;	快速退回切削起点
G00 X100.0Z200.0;	退刀至安全位置
M05;	主轴停转
M30;	程序结束

2.2.3　内/外径车削单一固定循环指令 G90

1. 指令功能

实现外圆切削循环和锥面切削循环。

2. 编程格式

G90 X(U)_Z(W)_R_ F_;

X:X 向切削终点坐标值(绝对坐标值);

Z:Z 向切削终点坐标值(绝对坐标值);

U:X 方向切削终点相对于切削起点的增量值(相对坐标值);

W:Z 方向切削终点相对于切削起点的增量值(相对坐标值);

R:车削圆锥时 X 方向切削起点与终点的半径差值(圆柱切削时 $R=0$,R 省略);

F:切削进给速度(每转进给或每分钟进给)。

3. 指令说明

(1) 直线切削循环。如图 2-22 所示 G90 直线切削循环:1(从循环起点 A 沿 X 向快速移动到切削起点)→2(从切削起点沿 Z 向直线插补到切削终点 A')→3(X 向以切削进给速度退刀)→4(Z 向快速返回循环起点 A)。其进给路线是矩形循环路线。

(2) 锥度切削循环。如图 2-23 所示 G90 锥度切削循环:1(从循环起点 A 沿 X 向快速移动到锥度起点)→2(从锥度起点直线插补到锥度终点 A')→3(X 向以切削进给速度退刀)→4(Z 向快速返回循环起点 A)。其进给路线是梯形循环路线。

注意事项:

(1) G90 循环第一步移动必须是 X 轴单方向移动。

(2) G90 锥度切削循环 R 值的正确计算,需考虑切削起点与锥面的距离。

(3) G90 循环每一步切削加工结束后,刀具自动返回起刀点。

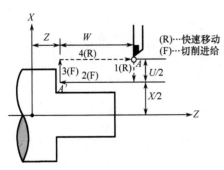 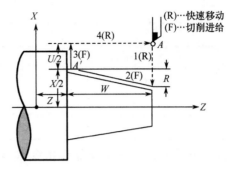

图 2-22 G90 直线切削走刀路线　　　　图 2-23 G90 锥度切削走刀路线

4. 编程举例

例 2.5 加工如图 2-24 所示的零件,毛坯尺寸为 $\phi40 \times 90$mm 的棒料,工件材料为 45 钢,完成零件程序的编制(表 2-13)。

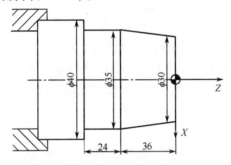

图 2-24 圆锥零件

表 2-13 圆锥零件加工程序与说明

程　序	程序说明
O0002;	程序名
T0101;	设立坐标系,选 1 号刀,1 号刀补
G00 X100.0 Z100.0;	快速定位到起刀点
M03 S800;	主轴以 800r/min 正转
G00 X42.0 Z5.0;	刀具到循环起点位置
G90 X40.0 Z-60.0 F0.2;	循环第一刀切削至 $\phi40$
G90 X38.0 Z-60.0 F0.2;	循环第二刀切削至 $\phi38$
G90 X35.5 Z-60.0 F0.2;	循环第三刀切削至 $\phi35.5$
G90 X35.5 Z-36.0 R-1 F0.2;	锥度循环第一刀切削
G90 X35.5 Z-36.0 R-2 F0.2;	锥度循环第二刀切削
G90 X35.5 Z-36.0 R-2.5 F0.2;	锥度循环第三刀切削
S1200;	变速精车以 1200r/min 正转
G01 X0 F0.2;	精车工件轮廓
Z0;	
X30.0;	
X35.0 Z-36.0;	
Z-60.0;	

(续)

程 序	程序说明
X50.0;	退刀
G00 X100.0 Z200.0;	快速退刀到安全位置
M05;	主轴停转
M30;	程序结束

2.2.4 端面车削单一固定循环指令 G94

1. 指令功能

实现端面切削循环和锥面切削循环。

2. 编程格式

G94 X(U)_Z(W)_R_F_;

X:X 向切削终点坐标值(绝对坐标值);

Z:Z 向切削终点坐标值(绝对坐标值);

U:X 方向切削终点相对于切削起点的增量值(相对坐标值);

W:Z 方向切削终点相对于切削起点的增量值(相对坐标值);

R：车削圆锥时 Z 方向切削起点与终点的半径差值(圆柱切削时 R=0,R 省略);

F:切削进给速度(每转进给或每分钟进给)。

3. 指令说明

(1) 端面切削循环。如图 2-25 所示端面切削循环,直线切削循环进行 4 个动作:1(从循环起点 A 沿 Z 向快速移动到切削起点)→2(从切削起点沿 X 向直线插补到切削终点 A′)→3(Z 向以切削进给速度退刀)→4(X 向快速返回切环起点 A)。其进给路线是矩形循环路线。

(2) 锥度切削循环。如图 2-26 所示 G94 锥度切削循环:1(从循环起点 A 沿 Z 向快速移动到锥度起点)→2(从锥度起点直线插补到锥度终点 A′)→3(Z 向以切削进给速度退刀)→4(X 向快速返回循环起点 A)。其进给路线是梯形循环路线。

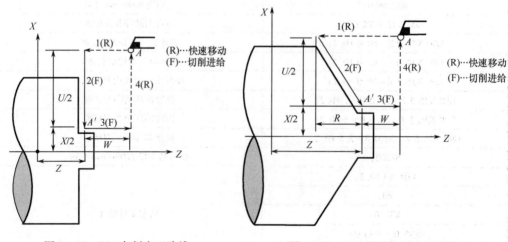

图 2-25 G94 车削走刀路线   图 2-26 G94 圆锥切削走刀路线

注意事项:

(1) G94循环第一步移动必须是Z轴单方向移动。

(2) G90、G94都是模态指令,当循环结束时,应该以同组的指令(G00、G01、G02等)将循环功能取消。

(3) X(U)、Z(W)和R的数值在固定循环期间是模态的,如果没有重新指定X(U)、Z(W)和R,则原来指定的数据有效。

4. 编程举例

例 2.6 加工如图2-27所示的零件,毛坯尺寸为 φ80×40mm 的棒料,工件材料为45钢,完成零件程序的编写(表2-14)。

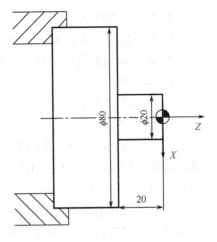

图 2-27 加工零件端面

表 2-14 零件端面加工程序与说明

程 序	程 序 说 明
O0003;	程序名
T0101;	设立坐标系,选1号刀,1号刀补
G00 X100.0 Z100.0;	快速定位到起刀点
M03 S800;	主轴以800r/min正转
G00 X82.0 Z5.0;	刀具到循环起点位置
G94 X20.0 Z-2.0 F0.2;	第一刀端面切削循环
G94 X20.0 Z-4.0 F0.2;	第二刀端面切削循环
G94 X20.0 Z-6.0 F0.2;	第三刀端面切削循环
G94 X20.0 Z-8.0 F0.2;	第四刀端面切削循环
G94 X20.0 Z-10.0 F0.2;	第五刀端面切削循环
G00 X100.0 Z200.0;	快速退刀到安全位置
M05;	主轴停转
M30;	程序结束

2.3 华中系统编程基本指令

在华中系统中的快速点定位指令G00和直线插补指令G01与FANUC中的G00、G01的格式与用法完全一样,在此不再赘述。

2.3.1 内/外径车削单一固定循环指令 G80

1. 指令功能

实现外圆切削循环和锥面切削循环。

2. 编程格式

G80 X(U)_Z(W)_I_F_;

X:X向切削终点坐标值(绝对坐标值);

Z：Z向切削终点坐标值(绝对坐标值)；
U：X方向切削终点相对于切削起点的增量值(相对坐标值)；
W：Z方向切削终点相对于切削起点的增量值(相对坐标值)；
I：车削圆锥时X方向切削起点与终点的半径差值(圆柱切削时$I=0$，I可省略)；
F：切削进给速度(每转进给或每分钟进给)。

3. 指令说明

(1) 直线切削循环。如图2-28所示G80直线切削循环：1(从循环起点A沿X向快速移动到切削起点)→2(从切削起点沿Z向直线插补到切削终点A')→3(X向以切削进给速度退刀)→4(Z向快速返回循环起点A)。其进给路线是矩形循环路线。

(2) 锥度切削循环。如图2-29所示G80锥度切削循环：1(从循环起点A沿X向快速移动到锥度起点)→2(从锥度起点直线插补到锥度终点A')→3(X向以切削进给速度退刀)→4(Z向快速返回循环起点A)。其进给路线是梯形循环路线。

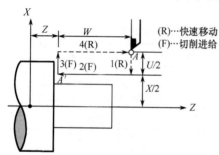
图2-28　G80直线切削走刀路线

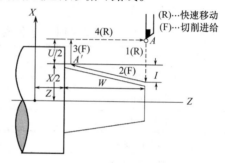
图2-29　G80锥度切削走刀路线

注意事项：

(1) G80循环第一步移动必须是X轴单方向移动。

(2) G80锥度切削循环I值的正确计算，需考虑切削起点与锥面的距离。

(3) G80循环每一步切削加工结束后，刀具自动返回起刀点。

4. 编程举例

将例2.5加工的零件，用G80进行编程，其程序与说明见表2-15。

表2-15　用G80编写加工程序与说明

程　序	程　序　说　明
%0002	程序名
T0101；	设立坐标系，选1号刀，1号刀补
G00 X100.0 Z100.0；	快速定位到起刀点
M03 S800；	主轴以800r/min正转
G00 X42.0 Z5.0；	刀具到循环起点位置
G80 X40.0 Z-50.0 F200；	循环第一刀切削至φ40
G80 X38.0 Z-50.0 F200；	循环第二刀切削至φ38
G80 X35.5 Z-50.0 F200；	循环第三刀切削至φ35.5
G80 X35.5 Z-36.0 I-1 F200；	锥度循环第一刀切削

(续)

程 序	程序说明
G80 X35.5 Z-36.0 I-2 F200;	锥度循环第二刀切削
G80 X35.5 Z-36.0 I-2.5 F200;	锥度循环第三刀切削
S1200;	变速精车以1200r/min正转
G01 X0 F100;	精车工件轮廓
Z0;	
X30.0;	
X35.0 Z-36.0;	
Z-60.0;	
X50.0;	退刀
G00 X100.0 Z200.0;	快速退刀到安全位置
M05;	主轴停转
M30;	程序结束

2.3.2 端面车削单一固定循环指令 G81

1. 指令功能

实现端面切削循环和锥面切削循环。

2. 编程格式

G81 X(U)_Z(W)_I_F_;

X：X 向切削终点坐标值（绝对坐标值）；

Z：Z 向切削终点坐标值（绝对坐标值）；

U：X 方向切削终点相对于切削起点的增量值（相对坐标值）；

W：Z 方向切削终点相对于切削起点的增量值（相对坐标值）；

I：车削圆锥时 Z 方向切削起点与终点的半径差值（圆柱切削时 $I=0$，I 省略）；

F：切削进给速度（每转进给或每分钟进给）。

3. 指令说明

（1）端面切削循环。如图 2-30 所示端面切削循环，直线切削循环进行 4 个动作：1（从循环起点 A 沿 Z 向快速移动到切削起点）→2（从切削起点沿 X 向直线插补到切削终点 A'）→3（Z 向以切削进给速度退刀）→4（X 向快速返回切环起点 A）。其进给路线是矩形循环路线。

（2）锥度切削循环。如图 2-31 所示 G81 锥度切削循环：1（从循环起点 A 沿 Z 向快速移动到锥度起点）→2（从锥度起点直线插补到锥度终点 A'）→3（Z 向以切削进给速度退刀）→4（X 向快速返回循环起点 A）。其进给路线是梯形循环路线。

注意事项：

（1）G81 循环第一步移动必须是 Z 轴单方向移动。

（2）G80、G81 都是模态指令，当循环结束时，应该以同组的指令（G00、G01、G02 等）将循环功能取消。

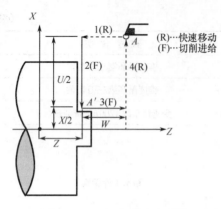 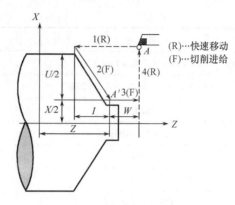

图 2-30　G81 车削走刀路线　　　　图 2-31　G94 圆锥切削走刀路线

(3) $X(U)$、$Z(W)$ 和 I 的数值在固定循环期间是模态的,如果没有重新指定 $X(U)$、$Z(W)$ 和 I,则原来指定的数据有效。

4. 编程举例

将例 2.6 加工的零件,用 G81 进行编程,其程序与说明见表 2-16。

表 2-16　用 G81 编写程序与说明

程　序	程序说明
O0003;	程序名
T0101;	设立坐标系,选 1 号刀,1 号刀补
G00 X100.0 Z100.0;	快速定位到起刀点
M03 S800;	主轴以 800r/min 正转
G00 X82.0 Z5.0;	刀具到循环起点位置
G81 X20.0 Z-2.0 F200;	第一刀端面切削循环
G81 X20.0 Z-4.0 F200;	第二刀端面切削循环
G81 X20.0 Z-6.0 F200;	第三刀端面切削循环
G81 X20.0 Z-8.0 F200;	第四刀端面切削循环
G81 X20.0 Z-10.0 F200;	第五刀端面切削循环
G00 X100.0 Z200.0;	快速退刀到安全位置
M05;	主轴停转
M30;	程序结束

2.4　调头加工方法

当零件的一端外形加工完后,需调头装夹以加工另一端。如图 2-32 所示的零件,毛坯为 $\phi40 \times 100$ 的棒料,当加工完左端端面及 $\phi36$ 外圆后,需要调头装夹 $\phi36$ 外圆加工右端面及 $\phi28$、$\phi32$ 外圆。调头加工时,一定要注意应满足工件总长要求。如图 2-32 所示的零件,加工完左端调头加工右端时,编程原点设置如图 2-34 所示,通过程序保证总长。

注:调头后,为使编程圆点设置在如图 2-34 所示位置,Z 方向对刀操作时,应输入"Z + 试切后的毛坯总长"再点"测量"。具体 Z 方向对刀操作步骤为:

(1) 主轴正转,确定当前切削刀具的刀位号。

（2）用手轮方式移动刀具，靠上或试切毛坯右端面。

（3）沿 +X 方向退出刀具，主轴停转。

（4）按下偏置功能键 [OFFSET SETTING]。

（5）选择"刀具补正/形状"，将光标移到对应补偿号的 Z 处（通常补偿号应与刀位号相同，如刀位号为 01 的刀具，光标即移到 01 行）。

（6）输入"96.5"（假如毛坯总长为96.5）后点"测量"即可完成 Z 轴方向对刀。

例 2.7 加工如图 2-32 所示的零件，毛坯尺寸为 $\phi 40 \times 100$ 的棒料，工件材料为 45 钢，完成零件程序的编制。

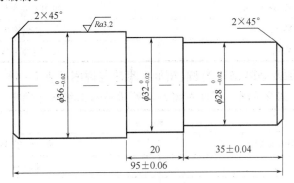

图 2-32 加工零件图

（1）加工左端面时编程坐标系如图 2-33 所示。

（2）加工左端面及 $\phi 36$ 外圆，精加工程序与说明见表 2-17。

（3）加工右端面时编程坐标系如图 2-34 所示。

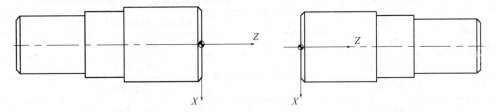

图 2-33 加工左端面时编程坐标系的设定　　图 2-34 加工右端面时编程坐标系设定

表 2-17 零件左端面及外圆精加工程序与说明

程　　序	
FANUC 系统	程序说明
O1;	程序名
T0101;	设立工件坐标系；选 1 号刀具，1 号刀补
M03 S1200;	主轴正转，转速 1200r/min
G00 X100.0Z100.0;	定义起刀点
X40.0Z5.0;	快速到达切削起点
G01 X0 F0.2;	切削至左端面轴心延长线，进给速度为 0.2mm/r
Z0 F0.1;	车左端面，进给速度 0.1mm/r

(续)

程序	
FANUC 系统	程序说明
X32.0;	加工左端面
X36.0Z-2.0;	加工倒角
Z-42.0;	加工φ36的圆柱
X42.0;	X向退刀
G00 Z5.0;	快速退回切削起点
G00 X100.0Z200.0;	退刀至安全位置
M05;	主轴停转
M30;	程序结束并复位

（4）加工右端面及φ28、φ32外圆，精加工程序与说明见表2-18。

表2-18 零件右端面及外圆精加工程序与说明

程序	
FANUC 系统	程序说明
O2;	程序名
T0101;	设立工件坐标系；选1号刀具，1号刀补
M03 S1200;	主轴正转，转速1200r/min
G00 X100.0 Z200.0;	定义起刀点
X40.0 Z100.0;	快速到达切削起点
G01 X0F0.2;	切削至右端面轴心延长线，进给速度0.2mm/r
Z95.0F0.1;	车右端面，进给速度0.1mm/r
X24.0;	加工右端面
X28.0 Z93.0;	加工倒角
Z60.0;	加工φ28圆柱面
X32.0;	加工台阶
Z40.0;	加工φ32圆柱面
X42.0;	X向退刀
G00 Z100.0;	快速退回切削起点
G00 X100.0 Z300.0;	退刀至安全位置
M05;	主轴停转
M30;	程序结束

2.5 台阶轴零件的编程

1. 左端面加工程序

加工零件左端面编程坐标系如图2-35所示，零件左端面加工程序与说明见表2-19。

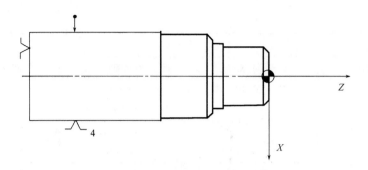

图 2-35 零件左端面编程坐标系

表 2-19 零件左端面加工程序与说明

程 序			
FANUC 系统	程 序 说 明	华中系统	程 序 说 明
O0001;	左端外轮廓加工程序名	%0001	左端外轮廓加工程序名
T0101;	设立工件坐标系,选1号刀具,1号刀补	T0101;	设立工件坐标系,选1号刀具,1号刀补
M03 S800;	主轴以 800r/min 正转	M03 S800;	主轴以 800r/min 正转
G00 X100.0 Z100.0;	刀具快速定位到安全点	G00 X100.0 Z100.0;	刀具快速定位到安全点
G00 X42.0 Z5.0;	刀具到循环起点位置	G00 X42.0 Z5.0;	刀具到循环起点位置
G01 Z-0.8 F0.2;	粗车端面	G01 Z-0.8 F200;	粗车端面
X0F0.08;		X0F100	
G00 Z5.0;		G00 Z5.0;	
X42.0;		X42.0;	
G90 X36.5Z-51.9 F0.2;	粗车 φ36 的外圆至 φ36.5	G80 X36.5Z-51.9 F200;	粗车 φ36 的外圆至 φ36.5
X32.0Z-25.9;	粗车 φ28 的外圆至 φ32	X32.0Z-25.9;	粗车 φ28 的外圆至 φ32
X28.5Z-25.9;	粗车 φ28 的外圆至 φ28.5	X28.5Z-25.9;	粗车 φ28 的外圆至 φ28.5
X25.5Z-20.9;	粗车 φ25 的外圆至 φ25.5	X25.5Z-20.9;	粗车 φ25 的外圆至 φ25.5
M03S1200;	精加工以 1200r/min 正转	M03S1200;	精加工以 1200r/min 正转
G01 Z-1.0 F0.2;	精车端面	G01 Z-1.0F200;	精车端面
X0F0.08;		X0F80;	
G00 X19.0Z0;	加工 C2 倒角	G00 X19.0Z0;	加工 C2 倒角
G01 X25.0Z-3.0 F0.1;		G01 X25.0Z-3.0F100;	
Z-21.0;	精车 φ25 的外圆	Z-21.0;	精车 φ25 的外圆
G01 X27.0;	加工 C0.5 的未注倒角	G01 X27.0;	加工 C0.5 的未注倒角
X28.0 Z-21.5;		X28.0Z-21.5;	

85

(续)

程序			
FANUC 系统	程序说明	华中系统	程序说明
Z-26.0;	精车 φ28 的外圆	Z-26.0;	精车 φ28 的外圆
X32.0;	加工 C2 的倒角	X32.0;	加工 C2 的倒角
X36.0 Z-28.0;		X36.0 Z-28.0;	
Z-52.0;	精车 φ36 的外圆	Z-52.0;	精车 φ36 的外圆
X42.0;	X 轴向退刀	X42.0;	X 轴向退刀
G00 Z5.0;	Z 轴向退刀	G00 Z5.0;	Z 轴向退刀
X100.0 Z100.0;	刀具返回安全位置	X100.0 Z100.0;	刀具返回安全位置
M30;	程序结束并复位	M30;	程序结束并复位

2. 编写右端面加工程序

加工零件右端面编程坐标系如图 2-36 所示,零件右端面加工程序与说明如表 2-20 所列。

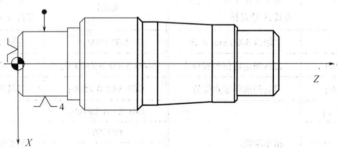

图 2-36 零件右端面编程坐标系

表 2-20 零件右端面加工程序与说明

程序			
FANUC 系统	程序说明	华中系统	程序说明
O0002;	右端外轮廓加工程序名	%0004;	右端外轮廓加工程序名
T0101;	设立工件坐标系,选 1 号刀具,1 号刀补	T0101;	设立工件坐标系,选 1 号刀具,1 号刀补
M03 S800;	主轴以 800r/min 正转	M03 S800;	主轴以 800r/min 正转
G00 X100.0 Z200.0;	刀具快速定位到安全点	G00 X100.0 Z200.0;	刀具快速定位到安全点
G00 X42.0 Z110.0;	刀具到循环起点位置	G00 X42.0 Z110.0;	刀具到循环起点位置
Z105.3;	粗车端面	Z105.3;	粗车端面
G01 X0F0.1;		G01 X0F100;	
Z107.0;	刀具移到循环起点	Z107.0;	刀具移到循环起点
G01 X42.0;		G01 X42.0;	
G90 X32.5Z48.1F0.2;	粗车 φ32 的外圆至 φ32.5	G80 X32.5 Z48.1F200;	粗车 φ32 的外圆至 φ32.5

(续)

程序			
FANUC 系统	程序说明	华中系统	程序说明
X30.5 Z78.1;	粗车 φ30 的外圆至 φ30.5	X30.5 Z78.1;	粗车 φ30 的外圆至 φ30.5
X27.0 Z88.1;	粗车 φ25 的外圆至 φ27	X27.0 Z88.1;	粗车 φ25 的外圆至 φ27
X25.5 Z88.1;	粗车 φ25 的外圆至 φ25.5	X25.5 Z88.1;	粗车 φ25 的外圆至 φ25.5
G01 Z79.0 F0.3;	刀具移到锥度循环的起点	G01 Z79.0 F300;	刀具移到锥度循环的起点
G90 X32.5 Z56.1 R-1.0 F0.15;	粗车锥度	G80 X32.5 Z56.1 I-1.0 F150;	粗车锥度
G00 Z106.0;	刀具移到精加工的起点	G00 Z106.0;	刀具移到精加工的起点
M03 S1200;	精加工以 1200r/min 正转	M03 S1200;	精加工以 1200r/min 正转
G01 X28.0 Z105.0 F0.3;	精车端面	G01 X28.0 Z105.0 F300;	精车端面
X0 F0.08;		X0 F80;	
Z106.0;	刀具移到 C2 倒角的延长位置	Z106.0;	刀具移到 C2 倒角的延长位置
G00 X19.0;		G00 X19.0;	
G01 X25.0 Z103.0 F0.08;	加工 C2 倒角	G01 X25.0 Z103.0 F80;	加工 C2 倒角
Z88.0 F0.1;	精车 φ25 的外圆	Z88.0 F100;	精车 φ25 的外圆
X28.0;	刀具移到 C1 倒角起点	X28.0;	刀具移到 C1 倒角起点
X30.0 Z87.0;	加工 C1 倒角	X30.0 Z87.0;	加工 C1 倒角
Z78.0;	精车 φ30 的外圆	Z78.0;	精车 φ30 的外圆
X32.0 Z56.0 F0.08;	精加工锥度	X32.0 Z56.0 F80;	精加工锥度
Z50.0 F0.1;	精车 φ32 的外圆	Z50.0 F100;	精车 φ32 的外圆
X38.0 Z47.0 F0.08;	加工 C2 倒角并切出	X38.0 Z47.0 F80;	加工 C2 倒角并切出
G00 X100.0;	X 方向退刀	G00 X100.0;	X 方向退刀
Z100.0;	Z 方向退刀	Z100.0;	Z 方向退刀
M30;	程序结束并复位	M30;	程序结束并复位

任务三 台阶轴零件的加工实施

知识与技能点

- 掌握外圆刀的安装方法；
- 能熟练地进行外圆刀的对刀操作；
- 掌握台阶轴的测量方法；
- 能正确进行台阶轴的分析误差。

3.1 工件与刀具装夹

3.1.1 工件装夹

该模块加工任务的零件为典型轴类零件,长度适中,可选用三爪卡盘进行装夹。毛坯伸出卡盘的长度为 L,其装夹示意图如图 2-37 所示。

注意:在加工时要根据加工工艺要求装夹工件。毛坯伸出卡盘的长度 L 要适宜。在加工左端时 L 要大于 51mm(51mm 是左端要加工的长度);调头后加工右端时要注意装夹误差对位置公差的影响,也要注意伸出的长度 L 要大于 57mm(57mm 是右端要加工的长度)。但是,该连接轴零件在加工右端时,装夹左端的 $\phi25_{-0.033}^{0} \times 20$ 外圆轴,并使 $\phi28 \times 5$ 的左端面紧靠三爪卡盘的端面。

3.1.2 刀具的安装

安装外圆车刀,应注意下列几个问题。

(1) 车刀安装在刀架上,伸出部分不宜太长,伸出量一般为刀杆高度的 1~1.5 倍。伸出太长会使刀杆的刚性变差,切削易产生振动,影响表面粗糙度。

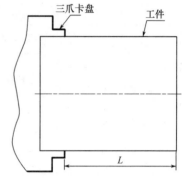

图 2-37 零件的装夹示意图

(2) 车刀垫铁要平整,数量要少,并与刀架对齐。

(3) 车刀至少要用两个螺钉压紧在刀架上,并逐个轮流拧紧。

(4) 车刀刀尖一般应与工件轴线等高,如图 2-38(a)所示,否则会因基面和切削平面的位置发生变化,而改变车刀工作时的前角和后角的数值。当刀尖高于工件轴线时会使后角减小,增大车刀后刀面与工件的摩擦,如图 2-38(b)所示;当刀尖低于工件轴线时会减小前角,切削不顺利,如图 2-38(c)所示。

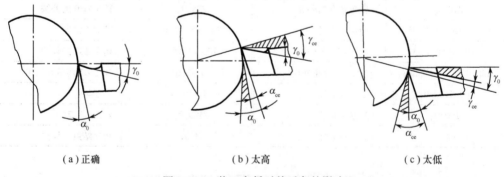

(a) 正确　　　　　　　(b) 太高　　　　　　　(c) 太低

图 2-38 装刀高低对前后角的影响

(5) 车刀刀杆中心应与进给方向垂直,否则会使主偏角和副偏角的数值发生变化,如图 2-39 所示。

3.2 对刀与参数设置

该连接轴零件进行加工时选用的是外圆车刀。其外圆车刀的对刀方法与模块一讲解的对刀方法完全相同。但在操作中应注意以下几点。

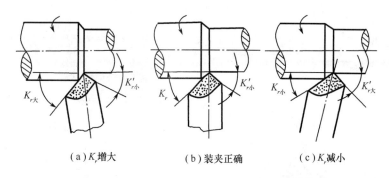

(a) K_r增大　　　(b) 装夹正确　　　(c) K_r减小

图 2-39　车刀装偏对主副偏角的影响

(1) 在加工左端的过程中,对刀操作时零件端面与外圆试切的切入量不能过大,尤其是试切端面时,否则会损坏刀尖。

(2) 在对刀过程中进行试切直径的测量时,测量值要准确。最好是选同一圆截面处不同的位置进行 2~3 次的测量。

(3) 调头加工右端的过程中,Z 向对刀时输入的值为试切后工件的总长度值。在测量时也要注意测量的准确性。

3.3　零件测量及误差分析

3.3.1　零件的测量

1. 外形轮廓尺寸精度的测量

外形轮廓测量常用量具如图 2-40 所示,游标卡尺和千分尺主要用于尺寸精度的测量,而万能角度尺和 90°角尺用于角度的测量。

(1) 游标卡尺用游标卡尺测量工件时,对工人的手感要求较高,测量时游标卡尺夹持工件的松紧程度对测量结果影响较大。因此,实际测量时的测量精度不是很高。主要用于总长、总宽、总高等未注公差尺寸的测量。

(2) 外径千分尺的测量精度通常为 0.01mm,测量灵敏度要比游标卡尺高,而且测量时也易控制其夹持工件的松紧程度。因此,千分尺主要用于较高精度的轮廓尺寸的测量。

(3) 万能角度尺和 90°角尺主要用于各种角度和垂直度的测量,测量采用透光检查法进行。

(4) 深度游标卡尺用于测量凹槽或孔的深度、梯形工件的梯层高度、长度等尺寸,平常简称为深度尺。

(5) 高度游标卡尺是用于测量物件高度的卡尺,简称高度尺。

2. 表面粗糙度测量

表面粗糙度的测量方法主要有比较法、光切法、光波干涉法等。比较法是车间常用的方法,把被测零件的表面与表面粗糙度样板进行比较,从而确定零件表面粗糙度。比较法多凭肉眼观察,用于评定低的和中等的表面粗糙度值。比较样块如图 2-41 所示。

3.3.2　零件误差分析

1. 外圆加工误差分析

数控车床在外圆加工过程中会遇到各种各样的加工误差。表 2-21 对外圆加工中较

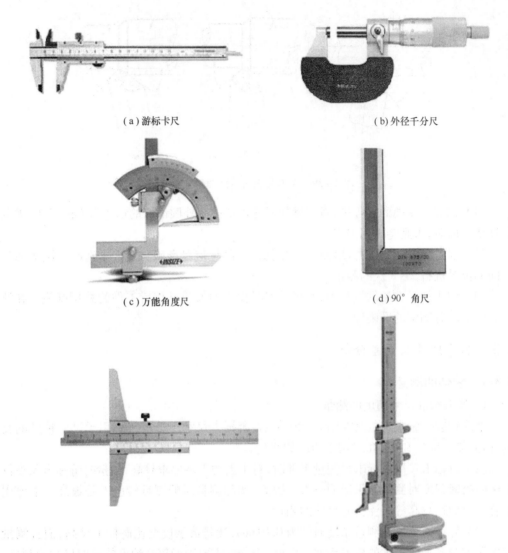

(a)游标卡尺　　(b)外径千分尺

(c)万能角度尺　　(d)90°角尺

(e)深度游标卡尺　　(f)高度游标卡尺

图2-40　外形轮廓测量常用量具

图2-41　比较样块

常出现的问题、产生的原因、预防及解决方法进行了分析。

表 2-21 外圆加工误差分析

问题现象	产生原因	预防和消除
工件外圆尺寸超差	(1) 刀具对刀不准确； (2) 切削用量选择不当产生让刀； (3) 程序错误； (4) 工件尺寸计算错误	(1) 调整或重新设定刀具数据； (2) 合理选择切削用量； (3) 检查、修改加工程序； (4) 正确计算工件尺寸
外圆表面粗糙度大	(1) 切削速度过低； (2) 刀具中心过高； (3) 切屑控制较差； (4) 刀尖产生积屑瘤； (5) 切削液选用不合理	(1) 调高主轴转速； (2) 调整刀具中心高度； (3) 选择合理的进刀方式及切深； (4) 选择合适的切削范围； (5) 选择正确的切削液，并充分喷注
台阶处不清根或呈圆角	(1) 程序错误； (2) 刀具选择错误； (3) 刀具损坏	(1) 检查修改加工程序； (2) 正确选择加工刀具； (3) 更换刀片
加工过程中出现扎刀,引起工件报废	(1) 进给量过大； (2) 切屑阻塞； (3) 工件安装不合理； (4) 刀具角度选择不合理	(1) 降低进给速度； (2) 采用断、退屑方式切入； (3) 检查工件安装,增加安装刚性； (4) 正确选择刀具
台阶端面出现倾斜	(1) 程序错误； (2) 刀具安装不正确	(1) 检查、修改加工程序； (2) 正确安装刀具
工件圆度超差或产生锥度	(1) 车床主轴间隙过大； (2) 程序错误； (3) 工件安装不合理	(1) 调整车床主轴间隙； (2) 检查、修改加工程序； (3) 检查工件安装,增加安装刚性

2. 端面加工误差分析

数控车床在端面加工过程中会遇到各种各样的加工误差。表 2-22 对端面加工中较常出现的问题、产生的原因、预防及解决方法进行分析。

表 2-22 端面加工误差分析

问题现象	产生原因	预防和消除
端面加工时长度尺寸超差	(1) 刀具数据不准确； (2) 尺寸计算错误； (3) 程序错误	(1) 调整或重新设定刀具数据； (2) 正确进行尺寸计算； (3) 检查、修改加工程序
端面表面粗糙度	(1) 切削速度过低； (2) 刀具中心过高； (3) 切屑控制较差； (4) 刀尖产生积屑瘤； (5) 切削液选用不合理	(1) 调高主轴转速； (2) 调整刀具中心高度； (3) 选择合理的进刀方式及切深； (4) 选择合适的切削范围； (5) 选择正确的切削液,并充分喷注
端面中心处有凸台	(1) 程序错误； (2) 刀具中心过高； (3) 刀具损坏	(1) 检查、修改加工程序； (2) 调整刀具中心高度； (3) 更换刀片

（续）

问题现象	产生原因	预防和消除
加工过程中出现扎刀引起工件报废	(1) 进给量过大； (2) 刀具角度选择不合理	(1) 降低进给速度； (2) 正确选择刀具
工件端面凹凸不平	(1) 机床主轴径向间隙过大； (2) 程序错误； (3) 切削用量选择不当	(1) 调整机床主轴间隙； (2) 检查、修改加工程序； (3) 合理选择切削用量

思考与练习

1. 简述数控车床的加工对象有哪些？
2. 简述数控车削加工工艺分析包括哪些内容？
3. 编制如图 2-42 所示零件加工工艺，编写零件程序并完成加工，毛坯尺寸 $\phi 40 \times 50$，材料 45 钢。

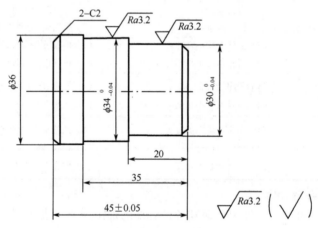

图 2-42 习题 1 零件图

4. 编制如图 2-43 所示零件加工工艺，编写零件程序并完成加工，毛坯尺寸 $\phi 45 \times 95$，材料 45 钢。

5. 编制如图 2-44 所示零件加工工艺，编写零件程序并完成加工，毛坯尺寸 $\phi 50 \times 45$，材料 45 钢。

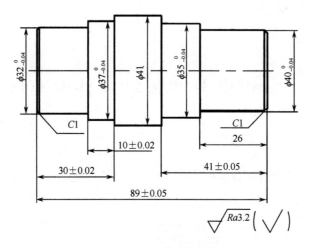

图 2-43 习题 2 零件图

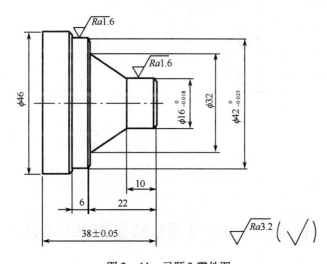

图 2-44 习题 3 零件图

模块三　锥度及圆弧轴零件的车削加工

任务描述

完成如图 3-1 所示连接轴零件的加工（该零件为小批量生产，毛坯尺寸为 φ45×85 的棒料，材料为 45 钢）。

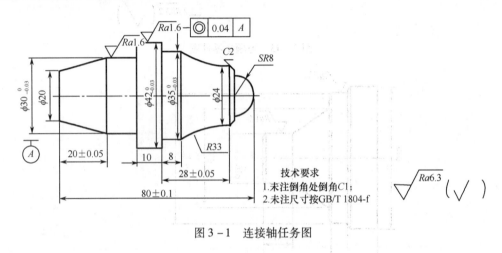

图 3-1　连接轴任务图

任务一　锥面及圆弧轴零件加工工艺

知识与技能点

- 了解数控车床车削锥面与圆弧轴的方法；
- 掌握锥面及圆弧轴零件的切削特点及切削参数的选择；
- 能合理地选择锥面及圆弧轴加工刀具与夹具。

1.1　数控车削常用刀具

1.1.1　数控车削常用刀具的材料

1. 刀具材料的基本要求

金属加工时，刀具由于受到很大切削力、摩擦力和冲击力，产生很高的切削温度。在这种高温、高压和剧烈摩擦环境下工作，刀具材料需满足如下基本要求：①高硬度；②高强度与强韧性；③较强的耐磨性和耐热性；④优良的导热性；⑤良好的工艺性与经济性。

2. 常用材料

1) 高速钢

高速钢(HSS)是指加入了较多的钨、钼、铬、钒等合金元素的高合金工具钢。按照用途不同,高速钢可以分为通用型高速钢和高性能高速钢;按照制造工艺方法不同,可以分为熔炼高速钢和粉末冶金高速钢。

高速钢具有良好的热稳定性,在500~600℃的高温仍能切削,和碳素工具钢、合金工具钢相比较,切削速度提高1~3倍,刀具耐用度提高10~40倍。高速钢具有较高强度和韧性,如抗弯强度为一般硬质合金的2~3倍,是陶瓷的5~6倍,且具有一定的硬度(63~70HRC)和耐磨性。

2) 硬质合金

硬质合金是指将钨钴类(WC)、钨钛钴(WC-TiC)、钨钛钽(铌)钴类(WC-TiC-TaC)等硬质碳化物以钴为结合剂烧结而成的物质,其主体为WC-Co系,其在铸铁、非铁金属和非金属的切削中占有非常重要的地位。硬质合金由于在铁系金属的切削中显示出了极好的性能,因此可广泛的作为刀具材料,多数车刀都采用硬质合金作为刀具材料。按硬质合金刀片的使用方法,可分为焊接式刀片和可转位机夹式刀片两类,目前可转位机夹式刀片应用较广。

硬质合金常温硬度很高,达到78~82HRC,热熔性好,热硬性可达800~1000℃以上,切削速度比高速钢提高4~7倍。

硬质合金缺点是脆性大,抗弯强度和抗冲击韧性不强。抗弯强度只有高速钢的1/3~1/2,抗冲击韧性只有高速钢的1/35~1/4。

(1) 普通硬质合金的种类、牌号及适用范围:

合金代号YG,钨钴类,对应于国标K类。适用于加工短屑的黑色金属、有色金属和非金属材料。

合金代号YT,钨钛钴类,对应于国标P类。适用于加工长切屑的黑色金属。

合金代号YW,钨钛钽(铌)钴类,对应于国标M类。适用于加工冷硬铸铁、有色金属及合金半精加工,也能用于高锰钢、淬火钢、合金钢及耐热合金钢的半精加工和精加工。

(2) 涂层刀具:是在韧性较好的硬质合金基体上或高速钢刀具基体上涂覆一层耐磨性较高的难熔金属化合物制成。

涂层刀具具有高的抗氧化性能和抗粘结性能,因此具有较高的耐磨性。涂层摩擦系数较低,可降低切削时的切削力和切削温度,提高刀具耐用度,高速钢基体涂层刀具耐用度可提高2~10倍,硬质合金基体刀具可提高1~3倍。

涂层刀具应用范围十分广泛,非金属、铝合金、铸铁、钢、高强度钢、高硬度钢、耐热合金、钛合金等材料的切削都可以使用,相比硬质合金性能较好。

硬质合金涂层刀具在涂覆后强度和韧性都有所降低,不适合受力大和冲击大的粗加工,涂层刀具经过钝化处理,切削刃锋利程度减小,不适合进给量很小的精密切削。

1.1.2 数控车削常用刀具的类型

随着数控机床结构、功能的发展,现在数控车床所使用的刀具,是多种不同类型的刀具同时在数控车床的刀架上轮换使用,可以自动换刀、提高加工效率。数控刀具按不同的分类方式可分成以下几类。

(1) 从设备安装方式上分左偏刀具和右偏刀具,如图3-2所示。

(2) 从结构上分整体式、镶嵌式和减振式,如图3-3所示。各种刀具的特点见表3-1。

(a) 左偏刀具　　　(b) 右偏刀具

图 3-2　数控车削刀具分类

(a) 整体式车刀　　　(b) 镶嵌式车刀　　　(c) 减振式内孔车刀

图 3-3　数控车削刀具分类

表 3-1　各种刀具的特点

名　称	说　明
整体式	由整块材料磨制而成,使用时可根据不同用途将切削部分修磨成所需要的形状
镶嵌式	分为焊接式和机夹式,机夹式又根据刀体结构的不同
减振式	当刀具的工作臂长度与直径比大于4时,为了减少刀具的振动,提高加工精度,所采用的一种特殊结构的刀具,主要用于镗孔

（3）从功能上分外圆车刀、内孔车刀、螺纹车刀、切槽刀、端面车刀,如图 3-4 所示。各种刀具的用途见表 3-2。

(a) 外圆车刀　　(b) 孔车刀　　(c) 螺纹车刀　　(d) 切槽刀　　(e) 端面车刀

图 3-4　数控车削刀具分类

表 3-2　各种刀具的用途

名称	说　　明
外圆车刀	主要用于车削外圆柱面、外圆锥面、倒角,也可用于车削端面
内孔车刀	用于车削内孔
螺纹车刀	用于车削螺纹
切槽刀	在工件上切槽、切断等,根据加工部位不同,可分为外切槽刀和内切槽刀
端面车刀	用于车削工件端面

目前,数控车床用刀具的主流是可转位刀片的机夹刀具,下面对可转位刀具作详细介绍。

1. 可转位刀具特点

数控车床所采用的可转位车刀,其几何参数是通过刀片结构形状和刀体上刀片槽座的方位安装组合形成的,与通用车床相比一般无本质的区别,其基本结构、功能特点是相同的。但数控车床的加工工序是自动完成的,因此对可转位车刀的要求又有别于通用车床所使用的刀具,具体要求和特点见表 3-3。

表 3-3　可转位车刀特点

要求	特点	目的
精度	采用 M 级或更高精度等级的刀片;多采用精密级的刀杆;用带微调装置的刀杆在机外预调好	保证刀片重复定位精度,方便坐标设定,保证刀尖位置精度
可靠性	采用断屑可靠性高的断屑槽形或有断屑台和断屑器的车刀;采用结构可靠的车刀,采用复合式夹紧结构和夹紧可靠的其他结构	断屑稳定,不能有紊乱和带状切屑;适应刀架快速移动和换位以及整个自动切削过程中夹紧不得有松动的要求
换刀迅速	采用车削工具系统;采用快换小刀夹	迅速更换不同形式的切削部件,完成多种切削加工,提高生产效率
刀片材料	刀片较多采用涂层刀片	满足生产节拍要求,提高加工效率
刀杆截形	刀杆较多采用正方形刀杆,但因刀架系统结构差异大,有的需采用专用刀杆	刀杆与刀架系统匹配

2. 可转位车刀的种类

可转位车刀按其用途可分为外圆车刀、端面车刀、内圆车刀、切断刀、螺纹车刀等,见表 3-4。

表 3-4　可转位车刀的种类

类型	主偏角	适用机床
外圆车刀	90°、50°、60°、75°、45°	普通车床和数控车床
仿形车刀	93°、107.5°	仿形车床和数控车床
端面车刀	90°、45°、75°	普通车床和数控车床
内圆车刀	45°、60°、75°、90°、91°、93°、95°、107.5°	普通车床和数控车床
切断刀		普通车床和数控车床
螺纹车刀		普通车床和数控车床
切槽车刀		普通车床和数控车床

3. 可转位车刀的结构形式

(1) 杠杆式,结构如图3-5所示,由杠杆、螺钉、刀垫、刀垫销、刀片组成。这种方式依靠螺钉旋紧压靠杠杆,由杠杆的力压紧刀片达到夹固的目的。其特点适合各种正、负前角的刀片,有效的前角范围为-6°~18°;切屑可无阻碍地流出,切削热不影响螺孔和杠杆;两面槽壁给刀片有力的支撑,并确保转位精度。

(2) 楔块式,结构如图3-6所示,刀具如图3-8所示。由紧定螺钉、刀垫、销、楔块、刀片组成。这种方式依靠销与楔块的挤压力将刀片坚固。其特点适合各种负前角刀片,有效前角的变化范围为-6°~18°。两面无槽壁。便于仿形切削或倒转操作时留有间隙。

(3) 楔块夹紧式,结构如图3-7所示,刀具如图3-9所示。由紧定螺钉、刀垫、销、压紧楔块、刀片组成。这种方式依靠销与楔块的挤压力将刀片夹紧。其特点同楔块式,但切屑流畅性不如楔块式。

此外还有螺栓上压式、压孔式、上压式等形式。

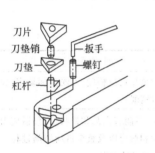
图3-5 杠杆式结构

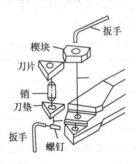
图3-6 楔块式结构

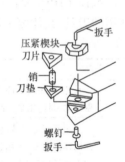
图3-7 楔块夹紧式结构

图3-8 楔块式刀具

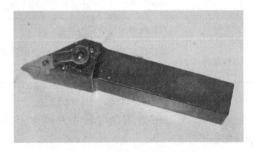
图3-9 楔块夹紧式刀具

4. 刀片形状的选择

数控车削加工用刀片形状如图3-10所示,主要参数选择方法如下。

(1) 刀尖角。刀尖角的大小决定了刀片的强度。在工件结构形状和系统刚性允许的前提下,应选择尽可能大的刀尖角。通常这个角度为35°~90°。图3-10中R形圆刀片,在重切削时具有较好的稳定性,但易产生较大的径向力。

(2) 刀片形状的选择。刀片形状主要依据被加工工件的表面形状、切削方法、刀具寿命和刀片的转位次数等因素选择。

正三角形刀片可用于主偏角为60°或90°的外圆车刀、端面车刀和内孔车刀。由于刀

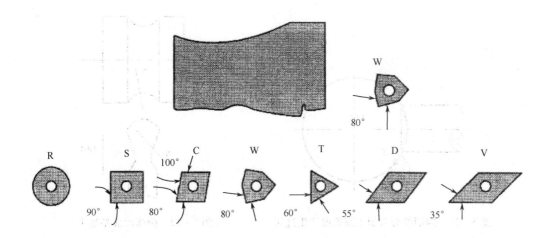

图 3-10 选择刀片形状

片刀尖角小、强度差、耐用度低,故只适用于较小切削量的工件。

正方形刀片的刀尖角为 90°,比正三角形刀片的 60°要大,因此其强度和散热性能均有所提高。这种刀片通用性较好,主要用于主偏角为 45°、60°、75°等的外圆车刀、端面车刀和镗孔刀。

菱形刀片和圆形刀片主要用于成型表面和圆弧表面的加工,也可用于其他形状轮廓的加工,刀片通用性较好,其形状及尺寸可结合加工对象参照国家标准确定。

1.2 锥面及圆弧面刀具的选择

1.2.1 圆锥面刀具的选择

使用数控车床加工圆锥面时,所用的刀具一般与车削台阶轴的刀具相同。车削倒锥时,要注意选用副偏角较大的刀具,避免刀具副切削刃与锥面干涉,影响加工表面质量。

1.2.2 圆弧面刀具的选择

圆弧面车削加工时,经常使用的刀具有尖形车刀和圆弧形车刀。

1. 尖形车刀

对于精度要求不高的圆弧面,都可选用尖形车刀。选用这类车刀切削圆弧,需要选择合理的副偏角,避免副切削刃与加工圆弧面产生过切。如图 3-11 所示,刀具在 A 点产生干涉。

2. 圆弧形车刀

圆弧形车刀的主要特征是主切削刃的刀刃形状为圆弧形,圆弧刃上的每一点都是圆弧形车刀的刀尖,所以其刀位点在圆弧的圆心上。圆弧形车刀用于切削内表面及外表面,特别适宜于车削各种光滑连接的成型面,加工精度和表面粗糙度较尖形车刀高。在选用圆弧车刀切削圆弧时,切削刃的圆弧半径应小于或等于被加工零件凹形轮廓上的最小曲率半径,防止发生干涉。对于加工圆弧半径较小的零件,则选用成型圆弧车刀,即刀具的圆弧刀刃半径等于零件圆弧半径,使用 G01 直线插补指令用直进法加工,如图 3-12 所示。

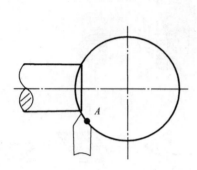
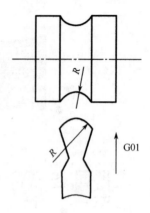

图 3-11　副切削刃与加工圆弧面产生过切　　　图 3-12　圆弧面成型加工

1.3　锥面及圆弧面走刀路线

1. 圆锥面与圆弧面加工进给路线

在零件数控加工编程中，合理选择圆锥面与圆弧面加工进给路线能够提高加工效率，简化编程。

切削进给路线直接影响生产效率、刀具磨损、零件刚度及加工工艺性，设计进给路线时应综合考虑，常见圆锥类零件的数控加工进给路线设计如图 3-13 所示。

如图 3-13(a)所示为阶梯进给路线 $A \to B \to C \to D \to A \to E \to F \to G \to A \to H \to I \to A$，其特点是进给路线短，粗车时刀具背吃刀量 a_p 易控制，切削余量不均匀，需半精车，计算和编程较复杂。

如图 3-13(b)所示为沿轮廓形状进给路线 $A \to B \to C \to A \to D \to E \to A \to F \to G \to A$，其特点是进给路线长，切削较平稳，精加工余量均匀，计算和编程复杂。

如图 3-13(c)所示为三角形进给路线 $A \to B \to C \to A \to D \to C \to A \to E \to C \to A$，其特点是进给路线较短，切削终点固定，只需确定每次背吃刀量 a_p，粗加工过程中切削力变化大，计算和编程简单。

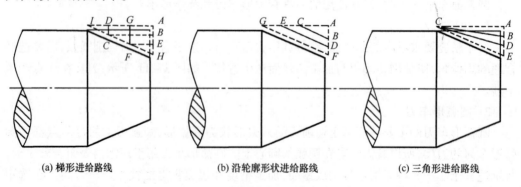

(a) 梯形进给路线　　　(b) 沿轮廓形状进给路线　　　(c) 三角形进给路线

图 3-13　圆锥车削进给路线

2. 圆弧加工进给路线

如图 3-14 所示为圆弧的阶梯形进给路线，先确定每次背吃刀量 a_p，然后按阶梯形循环进给粗车,最后精车出圆弧。其特点是刀具切削进给路线较短,刀具磨损少,但粗加工余量不均匀,需半精加工,还需精确计算出粗车路线的终点坐标(圆弧与直线的交点),数值计算较复杂。

图 3-15(a)、(b)所示为圆弧的同心圆弧切削路线,即沿不同的半径圆车削,最后将所需圆弧加工出来。其特点是精加工余量均匀,进给路线较长,编程方便,确定每次背吃刀量 a_p 后,易确定圆弧的起点、终点坐标,数值计算简单。

图 3-16 所示为圆弧车锥法进给路线,即先车削圆锥,再精车圆弧。其特点是切削路径较短,计算和编程较复杂。圆锥起点和终点的确定是关键,若确定不好,则可能损坏圆弧表面,也可能将余量留得过大,影响加工效率。确定方法如图 3-16 所示,连接 OC 交圆弧于 D,过 D 点作圆弧的切线 AB。由几何关系可计算出节点坐标。

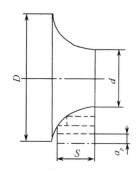

图 3-14 阶梯形切削路线车圆弧

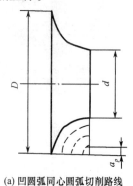

(a) 凹圆弧同心圆弧切削路线

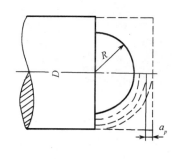

(b) 凸圆弧同心圆弧切削路线

图 3-15 同心圆弧切削路线车圆弧

1.4 数控车削常用夹具及装夹方式

在机床上加工工件时,为了在工件的某一部位加工出符合工艺规程要求的表面,加工前首先要使工件在机床上占有正确的位置,即定位。由于在加工过程中工件受到切削力、重力、振动、离心力、惯性力等作用,所以还应采用一定的机构,使工件在加工过程中始终保持在原先确定的位置上,即夹紧。工件定位与夹紧的过程又称为工件的装夹,在机床上使工件占有正确的加工位置并使其在加工过程中始终保持不变的工艺装备就称为机床夹具。生产中,为保证产品质量、提高生产效率、减轻劳动强度,应正确选择和使用夹具。车床夹具在车削工艺中占有很重要的地位。当被加工工件形状不够规则,生产批量又较大时,会采用专用车床夹具来完成工件安装,同时达到高效、稳定质量的目的。

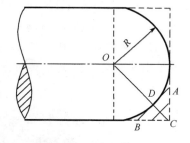

图 3-16 车锥法进给路线车圆弧

1. 三爪自定心卡盘

如图 3-17 所示,三爪自定心卡盘是车床上最常用的自定心夹具。它夹持工件时一般不需要找正，装夹速度较快。把它略加改进，还可以方便地装夹方料、其他形状的材料，同时还可以装夹小直径的圆棒。三爪卡盘利用均布在卡盘体上的三个活动卡爪的径向移动，把工件夹紧。三爪卡盘由卡盘体、活动卡爪和卡爪驱动机构组成，如图3-18所示。三爪卡盘上三个卡爪导向部分的下面，有螺纹与碟形伞齿轮背面的平面螺纹相啮合，当用扳手通过四方孔转动小伞齿轮时，碟形齿轮转动，背面的平面螺纹同时带动三个卡爪向中心靠近或退出，用以夹紧不同直径的工件。在三个卡爪上换上三个反爪，用来安装直径较大的工件。三爪卡盘的自行对中精确度为0.05~0.15mm。用三爪卡盘加工工件的精度受到卡盘制造精度和使用后磨损情况的影响。

图3-17 三爪自定心卡盘

图3-18 三爪卡盘结构图

2. 四爪卡盘

四爪卡盘一般常见的有两种，一种是四爪自定心卡盘，另一种是四爪单动卡盘。四爪单动卡盘如图3-19所示，是车床上最常用的夹具，适用于装夹形状不规则或大型的工件，夹紧力较大，装夹精度较高，不受卡爪磨损的影响，但装夹不如三爪自定心卡盘方便。它的四个爪通过四个螺杆独立移动。其特点是能装夹形状比较复杂的非回转体，如方形、长方形等，而且夹紧力大。由于其装夹后不能自动定心，所以装夹效率较低，装夹时必须用划线盘或百分表找正，使工件回转中心与车床主轴中心对齐。百分表找正外圆如图3-20所示。

图3-19 四爪单动卡盘

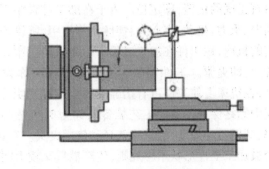
图3-20 百分表找正外圆示意图

3. 顶尖

（1）一夹一顶装夹。对于工件长度伸出较长、重量较重、端部刚性较差的工件，可采用一夹一顶装夹进行加工。利用三爪或四爪卡盘夹住工件一端,另一端用后顶尖顶住,形成一夹一顶装夹结构,如图3-21所示。利用一夹一顶装夹加工零件时,工件的装夹长度要尽量短;要进行尾座偏移量的调整。一夹一顶装夹是车削轴类零件最常用的方法。

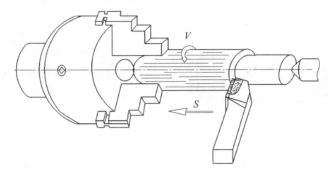

图3-21 一夹一顶装夹示意图

(2)双顶尖装夹。对同轴度要求比较高且需要调头加工的轴类工件,常用双顶尖装夹工件,如图3-22所示,其前顶尖为普通顶尖,装在主轴孔内,并随主轴一起转动;后顶尖为活顶尖,装在尾架套筒内。工件利用中心孔被顶在前后顶尖之间,并通过拨盘和卡箍随主轴一起转动。

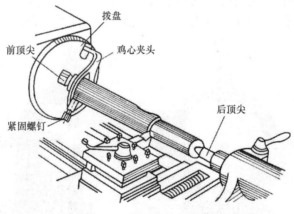

图3-22 双顶尖装夹示意图

4. 心轴

当以内孔为定位基准,并能保证外圆轴线和内孔轴线的同轴度要求,此时用心轴定位,工件以圆柱孔定位常用圆柱心轴和小锥度心轴;对于带有锥孔、螺纹孔、花键孔的工件定位,常用相应的锥体心轴、螺纹心轴和花键心轴。

圆柱心轴是以外圆柱面定心、端面压紧来装夹工件的,如图3-23所示。心轴与工件孔一般用H7/h6、H7/g6的间隙配合,所以工件能很方便地套在心轴上。但由于配合间隙较大,一般只能保证同轴度0.02mm左右。为了消除间隙,提高心轴定位精度,心轴可以做成锥体,但锥体的锥度很小,如图3-24所示,否则工件在心轴上会产生歪

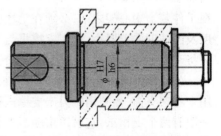

图3-23 圆柱心轴装夹示意图

斜。常用的锥度为 $C = 1/5000 \sim 1/1000$。定位时,工件楔紧在心轴上,楔紧后孔会产生弹性变形,从而使工件不致倾斜。当工件直径较大时,则应采用带有压紧螺母的圆柱形心轴。它的夹紧力较大,但对中精度较锥度心轴的低。

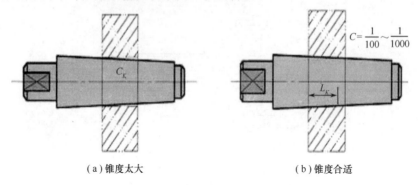

(a)锥度太大   (b)锥度合适

图 3-24　锥体心轴示意图

5. 中心刀架与跟刀架

当工件长度跟直径之比大于 $25(L/d > 25)$ 细长轴时,由于工件本身的刚性变差,在车削时,工件受切削力、自重和旋转时离心力的作用,会产生弯曲、振动,严重影响其圆柱度和表面粗糙度。同时,在切削过程中,工件受热伸长产生弯曲变形,车削很难进行,严重时会使工件在顶尖间卡住。此时需要用中心架或跟刀架支工件,如图 3-25 所示。

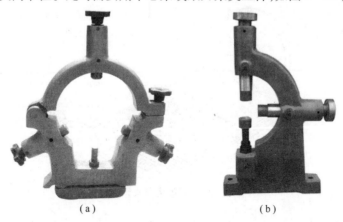

(a)   (b)

图 3-25　中心刀架与跟刀架

(1)中心架多用于带台阶的细长轴的外圆加工。一般在车削细长轴时,用中心架来增加工件的刚性,当工件可以进行分段切削时,中心架支撑在工件中间,如图 3-26 所示。在工件装上中心架之前,必须在毛坯中部车出一段支撑中心架支撑爪的沟槽,其表面粗糙度及圆柱度误差要小,并在支撑爪与工件接触处经常加润滑油。为提高工件精度,车削前应将工件轴线调整到与机床主轴回转中心同轴。

(2)跟刀架多用于无台阶的细长轴的外圆加工。对不适宜调头车削的细长轴,不能用中心架支撑,而要用跟刀架支撑进行车削,以增加工件的刚性。跟刀架固定在床鞍上,一般有两个支撑爪,它可以跟随车刀移动,抵消径向切削力,提高车削细长轴的形状精度和减小表面粗糙度,如图 3-27(a)所示。但由于工件本身的向下重力,以及偶然的弯曲,

模块三　锥度及圆弧轴零件的车削加工

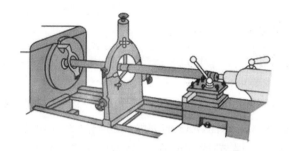

图 3-26　中心架装夹示意图

车削时会瞬时离开支撑爪、接触支撑爪时产生振动。所以比较理想的跟刀架需要用三爪，如图 3-27(b)所示。

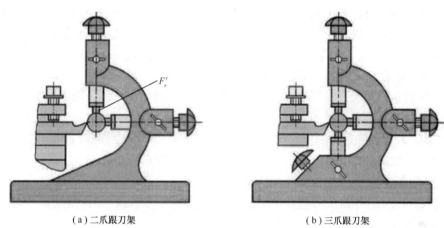

(a)二爪跟刀架　　　　　　　　　(b)三爪跟刀架

图 3-27　跟刀架

6. 花盘

花盘是安装在车床主轴上的一个大圆盘，盘面上的许多长槽用以穿放螺栓，工件可用螺栓直接安装在花盘上，如图 3-28(a)所示。当被加工表面的轴线要求与基准面垂直时，工件用花盘装夹；当被加工表面的轴线要求与基准面平行时，工件需装夹在安装于花盘上的角铁上进行车削，为了防止转动时因重心偏向一边而产生振动，在工件的另一边要加平衡铁，工件在花盘上的位置需经仔细找正，如图 3-28(b)所示。

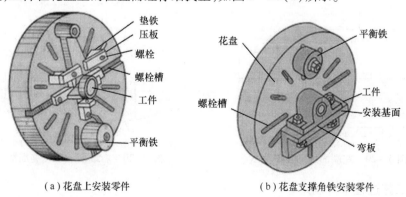

(a)花盘上安装零件　　　　　　(b)花盘支撑角铁安装零件

图 3-28　花盘

1.5 锥度及圆弧轴零件工艺制订

1.5.1 零件图工艺分析

1. 加工内容及技术要求

该零件主要加工要素为 $\phi30_{-0.03}^{0}$ 的外圆一处、$\phi35_{-0.03}^{0}$ 的外圆一处，$\phi42_{-0.03}^{0}$ 的外圆一处，$\phi20\sim\phi30$ 的锥面，$SR8$ 的球面、$R33$ 的圆弧面，倒角 $C2$，并保证总长为 80。

零件尺寸标注完整、无误，轮廓描述清晰，技术要求清楚明了。

零件毛坯为 $\phi45\times85$ 的 45 钢，切削加工性能较好，无热处理要求。

未注倒角按 $C2$ 加工，未注尺寸按 GB/T 1804 - f。

2. 零件加工要求

（1）零件的尺寸公差分析：根据图 3-1 可知该零件左端 $\phi30$ 的外圆尺寸公差为上偏差 0，下偏差 -0.03；$\phi42$ 的外圆尺寸公差为上偏差 0，下偏差 -0.03；锥度长 20，尺寸公差为 ±0.05；右端 $\phi35$ 的外圆尺寸公差为上偏差 0，下偏差 -0.03；长 28 的尺寸公差为 ±0.05，总长 80 的尺寸公差为 ±0.1。

（2）零件的形位公差分析：$\phi35$ 外圆相对于 $\phi30$ 外圆轴中心线的跳动公差为 0.04。

（3）零件表面粗糙度分析：表面粗糙度是保证零件表面微观精度的重要要求，也是合理选则机床、刀具和确定切削用量的依据。从零件图样可知：左右两端 $\phi35$ 的外圆及 $\phi42$ 的外圆表面粗糙度要求为 $Ra1.6$。其余表面质量要求 $Ra6.3$。

3. 加工方法

由于 $\phi30_{-0.03}^{0}$ 的外圆、$\phi42_{-0.03}^{0}\times8$ 的外圆表面质量要求较高，零件拟选择粗车→精车的方法进行加工。

1.5.2 机床的选择

根据零件的结构特点、加工要求及现有设备情况，数控车床选用配备有华中世纪星系统或 FANUC-0I 系统的 CAK6140VA。其主要技术参数见表 1-2。

1.5.3 装夹方案的确定

根据工艺分析，该零件在数控车床上的装夹都采用三爪卡盘。装夹方法如图 3-29、图 3-30 所示，先夹持毛坯为粗基准加工左端面，再调头以左端 $\phi30$ 外圆为精基准加工右端面。

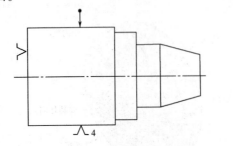

图 3-29 左端面加工装夹简图

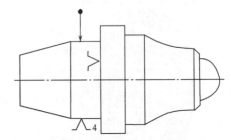

图 3-30 右端面加工装夹简图

1.5.4 工艺过程卡片制定

根据以上分析，制定零件加工工艺过程卡见表 3-5。

模块三 锥度及圆弧轴零件的车削加工

表 3-5 零件加工工艺过程卡

（工厂）		机械工艺过程卡		产品型号		零件图号			共1页	第1页
				产品名称	$\phi45\times85$	零件名称	1			
材料牌号	45钢	毛坯种类	棒料	毛坯外形尺寸		每毛坯可制件数		每台件数	连接轴	备注
工序号	工序名称	工序内容				车间	工段	设备	工艺装备	工时/min
										准终　单件
1	备料	准备 $\phi45\times85$ 的45钢棒料						锯床		
2	数车	粗、精车左端面及 $\phi20\sim\phi30$ 锥面，$\phi30_{-0.03}^{0}\times12$ 及 $\phi42_{-0.03}^{0}\times11$ 台阶轴至图纸精度要求						CAK6140VA	三卡盘	
		粗、精车右端 SR8 球面，R33 的圆弧面，$\phi35_{-0.03}^{0}\times8$ 圆柱面至图纸精度要求。并保证总长尺寸								
3	钳工	去毛刺								
4	检验	按图样检查零件尺寸及精度								
5	入库	油封、入库								
								设计（日期）	审核（日期）	标准化（日期）　会签（日期）
标记	处数	更改文件号	签字	日期	标记	处数	更改文件号	签字	日期	

描图

描校

底图号

装订号

1.5.5 加工顺序的确定

加工时,先粗、精车左端面及 $\phi20 \times \phi30$ 锥面, $\phi30_{-0.03}^{\ 0} \times 12$ 及 $\phi42_{-0.03}^{\ 0} \times 11$ 台阶轴至图纸精度要求,再调头粗、精车右端 $SR8$ 球面、$R33$ 的圆弧面、$\phi35_{-0.03}^{\ 0} \times 8$ 圆柱面至图纸精度要求。

1.5.6 刀具与量具的确定

该零件无沟槽、螺纹和凹形成型面,因此选用主偏角为 93°外圆车刀即可完成零件粗、精加工。具体刀具型号见表 3-6。

该零件尺寸精度要求较高,需采用多种量具测量,具体量具型号见表 3-7。

表 3-6 数控加工刀具卡片

产品名称或代号			零件名称		零件图号		备注
工步号	刀具号	刀具名称	刀具规格		刀具材料		
1/2/3/4	T01	外圆车刀	93°		硬质合金		
编制		审核		批准		共 页	第 页

表 3-7 量具卡片

产品名称或代号		零件名称		零件图号	
序号	量具名称	量具规格	分度值		数量
1	钢板尺	0~125mm	0.1mm		1把
2	游标卡尺	0~150mm	0.02mm		1把
3	外径千分尺	25~50mm	0.01mm		1把
4	半径规	R7~R14.5mm	0.1mm		1把
5	半径规	R25~R50mm	0.1mm		1把
编制		审核		批准	共 页 第 页

1.5.7 数控车削加工工序卡片

制定零件数控车削加工工序卡见表 3-8、表 3-9。

模块三 锥度及圆弧轴零件的车削加工

表3-8 零件数控车削加工工序卡

(工厂)	数控加工工序卡		产品型号		零件图号			共2页	第1页
			产品名称	连接轴	零件名称			材料牌号	
		车间	工序号	工序名称					
			2	数车				45钢	
		毛坯种类	毛坯外形尺寸	每毛坯可制件数	设备编号			同时加工件数	
		棒料	φ45×85	1					
		设备名称	设备型号	夹具编号	夹具名称			切削液	
		数控车床	CAK6140VA		三爪卡盘				
				工位器具编号	工位器具名称			工序工时	
								准终	单件
工步号	工步名称	工艺装备	主轴转速 /(r/min)	切削速度 /(m/min)	进给量 /(mm/r)	背吃刀量 /mm	进给次数		工时
								机动	单件
1	按图夹持毛坯外圆,粗车左端面,φ20~φ30锥面及φ30×12、φ42×11台阶轴,X向留0.5余量,Z向留0.1余量	93°外圆车刀	800	115	0.2	1.5			
2	精车左端面、φ20~φ30 锥面及 φ30$^{0}_{-0.03}$×12、φ42$^{0}_{-0.03}$×11台阶轴至图纸要求	93°外圆车刀	1200	170	0.15	0.25			
					设计 (日期)	审核 (日期)	标准化 (日期)	会签 (日期)	
标记	处数	更改文件号	签字	日期	标记	处数	更改文件号	签字	日期

描图
描校
底图号
装订号

表 3-9 零件数控车削加工工序卡

（工厂）	数控加工工序卡		产品型号		零件图号			共 2 页	第 2 页
			产品名称		零件名称	连接轴		材料牌号	45 钢
			车间		工序号	2			
					工序名称	数车			
			毛坯种类	棒料	毛坯外形尺寸	$\phi45 \times 85$	每毛坯可制件数	1	每台件数
			材料		设备型号	CAK6140VA	设备编号		同时加工件数
			数控车床				夹具名称	三爪卡盘	切削液
					夹具编号		工位器具名称		
					工位器具编号			准终	工序工时 单件
工步号	工步名称	工艺装备	主轴转速 /(r/min)	切削速度 /(m/min)	进给量 /(mm/r)	背吃刀量 /mm	进给次数	工时	机动 单件
3	调头按图夹持 $\phi30$mm 外圆，粗车右端面，$SR8$ 球面，$R33$ 的圆弧面，$\phi35 \times 8$，X 向留 0.5 余量，Z 向留 0.1 余量	93°外圆车刀	800	115	0.2	1.5			
4	精车右端面，$SR8$ 球面，$R33$ 的圆弧面，$\phi35_{-0.03}^{0}$ ×8 至图纸精度要求，保证长度尺寸 80 ± 0.1、8、28 ± 0.05 及其表面质量	93°外圆车刀	1200	170	0.15	0.25			
								设计（日期）	审核（日期）	标准化（日期）	会签（日期）
标记	处数	更改文件号	签字	日期	标记	处数	更改文件号	签字	日期

任务二 锥度及圆弧轴零件的编程

知识与技能点
- 学习并应用 G02、G03 圆弧编程指令进行编程;
- 学习并应用复合固定循环 G70、G71、G72、G73 编程指令进行编程;
- 掌握复合循环指令简化零件编程,提高加工效率;
- 掌握刀尖圆弧半径补偿指令控制零件质量精度。

2.1 FANUC 系统编程指令

2.1.1 恒线速度功能

1. 恒线速度控制

编程格式:G96 S_

S 后面的数字表示主轴恒定的线速度,单位为 m/min。

例 3.1 G96 S150 表示切削点线速度控制在 150m/min。

此指令一般在车削盘类零件端面或零件直径变化较大的情况下采用,这样可保证直径变化但工件切削线速度不变,从而保证切削速度不变,使得工件表面的粗糙度保持一致。

注意:使用恒线速度功能,主轴必须能自动变速,并应在系统参数中设定主轴最高限速。

2. 恒转速控制

编程格式:G97 S_

S 后面的数字表示主轴转速,单位为 r/min。

例 3.2 G97 S3000 表示设定主轴转速为 3000 r/min。

3. 最高转速限制

编程格式:G50S_

S 后面的数字表示主轴的最高转速,单位为 r/min。

例 3.3 G50 S3000 表示设定主轴最高转速为 3000r/min。

编程时,主轴转速不允许用负值表示,但允许用 S0,表示转速为 0。在实际操作过程中,可通过机床操作面板上的"主轴倍率修调"旋钮对主轴转速值进行修正,其调整范围一般为 50%~120%。

2.1.2 圆弧编程指令

1. 圆弧插补指令 G02/G03

1) 指令功能

根据两端点间的插补数字信息,计算出逼近实际圆弧的点群,控制刀具按给定的进给速度沿这些点运动,加工出圆弧曲线,属于模态指令。

2) 编程格式

(1) G02(G03) X(U)_Z(W)_ R_F;

X:圆弧终点坐标在 X 方向的坐标值(绝对坐标值);

Z:圆弧终点坐标在 Z 方向的坐标值(绝对坐标值);

U:X 方向圆弧终点相对于圆弧起点的增量值(相对坐标值);

W:Z 方向圆弧终点相对于圆弧起点的增量值(相对坐标值);

R:圆弧半径值;

F:圆弧插补进给速度(每转进给或每分钟进给)。

(2) G02(G03) X(U)_ Z(W)_ I_ K_ F_;

X:圆弧终点坐标在 X 方向的坐标值(绝对坐标值);

Z:圆弧终点坐标在 Z 方向的坐标值(绝对坐标值);

U:X 方向圆弧终点相对于圆弧起点的增量值(相对坐标值);

W:Z 方向圆弧终点相对于圆弧起点的增量值(相对坐标值);

I:X 方向圆心点相对于圆弧起点的增量值(半径值);

K:Z 方向圆心点相对于圆弧起点的增量值;

F:圆弧插补进给速度(每转进给或每分钟进给)。

3) 指令说明

(1) 圆弧插补 G02/G03 的判断方法:沿着不在圆弧平面内的坐标轴,由正方向往负方向看,顺时针走向用 G02,逆时针走向用 G03,如图 3-31 所示。

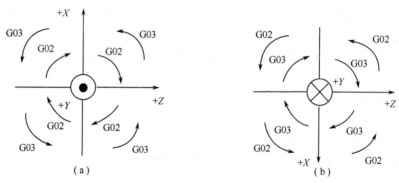

图 3-31 G02/G03 插补方向

(2) I、K 为圆心到起点的距离,在绝对、增量编程时都是以增量方式指定,在直径、半径编程时 I 都是半径值。I、K 的算法为:圆心坐标—圆弧起点坐标,即

$$I = (X_{圆心} - X_{圆弧起点})/2$$
$$K = Z_{圆心} - Z_{圆弧起点}$$

(3) R 编程时,若圆弧所夹的圆心角 α≤180°,R 值取正;若圆心角 α>180°,R 值取负。但一般情况下不会车削加工圆心角大于 180°的圆弧。

4) 编程举例

例3.4 如图 3-32 所示零件,编程原点在工件的右端面中心,使用 I、K 编程与 R 编程编写 R12 圆弧的精加工程序(表 3-10)。

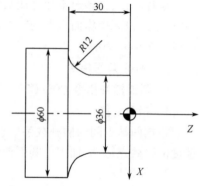

图 3-32 圆弧加工零件

表3-10 圆弧精加工程序

编程方式	指定圆心 I、K	指定半径 R
绝对方式	G02 X60.0 Z-30.0 I12.0 K0 F0.2;	G02 X60.0 Z-30.0 R12.0 F0.2
增量方式	G02 U24.0 W-12.0 I12.0 K0 F0.2;	G02 U24.0 W-12.0 R12.0 F0.2

2.1.3 复合固定循环

1. 外形粗车循环 G71 指令

1) 指令功能

CNC 系统根据加工程序所描述的轮廓形状和 G71 指令参数自动生成加工路径，适用于棒料毛坯外圆或内径的粗车。

2) 编程格式

G71 U(Δd) R(e);

G71 P(ns) Q(nf) U(Δu) W(Δw) F(f) S(s) T(t);

Δd：循环每次的切削深度(半径值、正值)；

e：每次切削退刀量；

ns：精加工轮廓程序的开始程序段的段号；

nf：精加工轮廓程序的结束程序段的段号；

Δu：X 方向上的精加工余量(直径量)和方向(外轮廓用"+"，内轮廓用"-")；

Δw：Z 方向上的精加工余量和方向；

F：切削进给速度(每转进给或每分钟进给)。

3) 指令说明

如图 3-33 所示 G71 循环进给路线，由程序给定 $A'\to B$ 零件精车轮廓，留下 $\Delta u/2$、Δw(切削余量)，每次切削 Δd(切削量)，在执行完沿着 Z 轴方向的最后切削后，沿着零件轮廓进行切削。等粗加工切削结束后，执行由 Q 指定的顺序程序段的下一个程序段。G71 循环前的定位点必须是毛坯以外并且靠近工件毛坯的点，精加工轮廓程序起始段必须是 X 轴单方向运动，不可以有 Z 轴动作；轮廓形状在平面构成轴(Z 轴、X 轴)方向上必须是单调增加或单调减小。

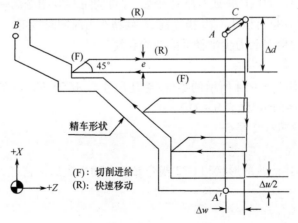

图 3-33 G71 走刀路线

注意事项：

（1）在使用 G71 进行粗加工时，只有含在 G71 程序段中的 F、S、T 功能才有效，而包含在 ns～nf 程序段中的 F、S、T 指令对粗车循环无效。

（2）G71 指令必须带有 P、Q 地址 ns、nf，且与精加工路径起、止顺序号对应，否则不能进行加工。

（3）ns、nf 的程序段必须为 G00/G01 指令，即从 A 互 A′ 的动作必须是直线或点定位运动且程序段中不应编有 Z 向移动指令。

（4）在顺序号为 ns～nf 的程序段中不能调用子程序。

（5）在进行外形加工时 Δu 取正，内孔加工时 Δu 取负值。

（6）当用恒表面切削速度控制时，ns～nf 的程序段中指定的 G96、G97 无效，应在 G71 程序段以前指定。

（7）循环起点的选择应在接近工件处以缩短刀具行程和避免空进给。

2. 精车循环 G70 指令

1）指令功能

完成零件轮廓的精加工。

2）编程格式

G70 P(ns) Q(nf);

ns：精加工轮廓程序的开始程序段的段号；

nf：精加工轮廓程序的结束程序段的段号。

3）指令说明

当运行顺序号 ns～nf 的精车程序进行精加工切削时，系统忽略在 G71、G72 或 G73 程序段中指定的 F、S、T 的功能，使顺序号 ns～nf 之间所指令的 F、S、T 功能指令有效。循环结束后，刀具以快速移动方式返回到起点。并读出 G70 循环的下一个程序段。

注意事项：

（1）精车过程中的 F、S 在程序段号 ns～nf 间指定。

（2）在 ns～nf 间精车的程序段中，不能调用子程序。

（3）必须先使用 G71、G72 或 G73 指令后，才可使用 G70 指令。

（4）精车时的 S 也可以于 G70 指令前，在换精车刀时同时指定。

（5）在车削循环期间，刀尖半径补偿功能有效。

4）编程举例

例 3.5 加工如图 3-34 所示的零件，毛坯尺寸为 $\phi 65 \times 90mm$ 的棒料，工件材料为 45 钢，完成零件程序的编写（表 3-11）。

3. 端面粗车循环 G72 指令

1）指令功能

根据程序所描述的轮廓形状和 G72 指令参数自动生成加工路径，适用于盘类零件的粗车。

2）编程格式

G72 W(Δd) R(e);

G72 P(ns) Q(nf) U(Δu) W(Δw) F(f) S(s) T(t);

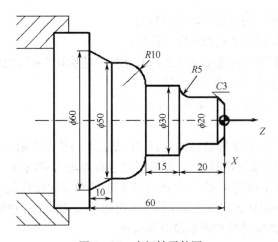

图 3-34 中间轴零件图

表 3-11 中间轴零件加工程序与说明

程 序	程 序 说 明
O0004;	程序名
T0101;	设立坐标系,选1号刀,1号刀补
G00 X100.0 Z80.0;	快速定位到起刀点
M03 S800;	主轴以800r/min正转
G00 X67.0 Z5.0;	刀具到循环起点位置
G71 U1.5 R1.0; G71 P06 Q16 U0.5 W0.1 F0.2;	封闭粗切削循环
N06 G01 X0 F0.1;	加工程序起始行
Z0;	端面加工
X14.0;	倒角起点
G01 X20.0 Z-3.0;	倒角 C3
Z-15.0;	加工 φ20 外圆
G02 X30.0 Z-20.0 R5;	加工 R5 圆弧
G01 Z-35.0;	加工 φ30 外圆
G03 X50.0 Z-45.0 R10;	加工 R10 圆弧
G01 Z-50.0;	加工 φ50 外圆
G01 X60.0 Z-60.0;	加工锥度
N16 X82.0;	程序结束行
S1200;	主轴以1200r/min正转
G70 P06 Q16;	精加工循环
G00 X100.0 Z200.0;	快速退刀到安全位置
M30;	程序结束

Δd:循环每次的切削深度(半径值、正值);

e:每次切削退刀量;

ns:精加工轮廓程序的开始程序段的段号;

nf:精加工轮廓程序的结束程序段的段号;

Δu:X方向上的精加工余量(直径量)和方向(外轮廓用"+",内轮廓用"-");

Δw:Z方向上的精加工余量(直径量)和方向;

F:切削进给速度(每转进给或每分钟进给)。

3) 指令说明

如图3-35所示G72循环进给路线,程序给定$A'\to B$零件精车轮廓,留下$\Delta u/2$、Δw(切削余量),每次切削Δd(切削量)。在执行完沿着X轴方向的最后切削后,沿着零件轮廓进行切削。等粗加工切削结束后,执行由Q指定的顺序程序段的下一个程序段。精加工轮廓程序起始段必须是Z轴单方向运动,不可以有X轴动作;轮廓形状在平面构成轴(Z轴、X轴)方向上必须是单调增加或单调减小。

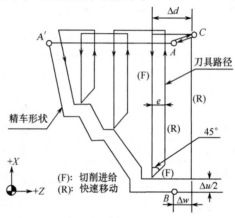

图3-35 G72走刀路线

注意事项:

(1) 在使用G72进行粗加工时,只有含在G71程序段中的F、S、T功能才有效,而包含在ns~nf程序段中的F、S、T指令对粗车循环无效。

(2) G72指令必须带有P、Q地址ns、nf,且与精加工路径起、止顺序号对应,否则不能进行加工

(3) ns、nf的程序段必须为G00/G01指令,即从A互A'的动作必须是直线或点定位运动且程序段中不应编有X向移动指令。

(4) 在顺序号为ns~nf的程序段中不能调用子程序。

(5) 当用恒表面切削速度控制时,ns~nf的程序段中指定的G96、G97无效,应在G71程序段以前指定。

(6) 循环起点的选择应在接近工件处以缩短刀具行程和避免空进给。

4) 编程举例

例3.6 加工如图3-36所示的零件,毛坯尺寸为$\phi100\times50$mm的棒料,设切削起点在$A(104,5)$,X、Z

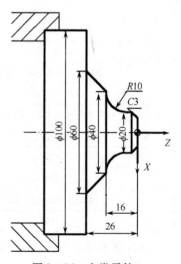

图3-36 盘类零件

方向粗加工余量分别为 0.5mm、0.1mm；工件材料为 45 钢，完成零件程序的编写（表 3-12）。

表 3-12 盘类零件加工程序与说明

程　序	程　序　说　明
O0005；	程序名
T0101；	设立坐标系，选 1 号刀，1 号刀补
G00 X150.0 Z100.0；	快速定位到起刀点
M03 S800；	主轴以 800r/min 正转
G00 X102.0 Z5.0；	刀具到循环起点位置
G72 W1.5 R1.0；	封闭粗切削循环
G72 P06 Q13 U0.5 W0.1 F0.2；	
N06 G01 Z-26.0 F0.1；	加工程序起始行
X60.0；	加工 ϕ60 外圆
X40.0 Z-16.0；	加工锥度
G03 X20.0 Z-6.0 R10；	加工 R10 圆弧
G01 Z-3.0；	加工 ϕ20 外圆
G01 X14.0 Z0.0；	倒角
G01 X0.0；	加工端面
N13 Z5.0；	程序结束行
S1200；	主轴以 1200r/min 正转
G70 P06 Q13；	精加工轮廓
G00 X100.0 Z200.0；	快速退刀到安全位置
M05；	主轴停转
M30；	程序结束

4. 封闭复合循环 G73 指令

1）指令功能

仿形复合封闭循环，沿轮廓形状 G73 指令参数偏移加工路径，重复地执行的固定切削模式，适用于铸、锻造零件的加工。

2）编程格式

G73 U(Δi) W(Δk) R(d)；

G73 P(ns) Q(nf) U(Δu) W(Δw) F(f) S(s) T(t)；

Δi：X 轴方向的退刀距离，属于模态值；

Δk：Z 轴方向的退刀距离；

d：切削次数，该值与粗车次数相等，该指定属于模态；

ns：精加工轮廓程序的开始程序段的段号；

nf：精加工轮廓程序的结束程序段的段号；

Δu：X 轴方向的精加工余量；

Δw：Z 轴方向的精加工余量；

F：切削进给速度（每转进给或每分钟进给）。

3）指令说明

如图 3-37 所示 G73 循环进给路线,程序给定 $A'\to B$ 零件精车轮廓,刀具从循环起点 A 开始,快速退刀至点 C,在 X 向的退刀量为 $\Delta i+\Delta u/2$,在 Z 向的退刀量为 $\Delta k+\Delta w$,然后按照 G73 指定的加工参数,沿着轮廓形状自动生成粗加工路线,由给定的粗车次数车削至循环结束后,快速退回至循环起点 A 点,最终分别在 X 向和 Z 向留精加工余量 $\Delta u/2$ 和 Δw。

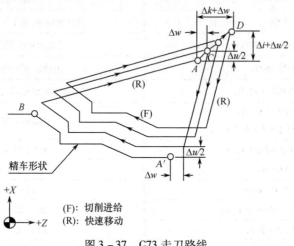

图 3-37　G73 走刀路线

注意事项:

(1) G73 循环前的定位点必须是毛坯以外的安全点,进刀起点由系统根据 G73 所设置的参数和零件轮廓大小计算后自动调整定位。

(2) G73 加工棒料毛坯零件时,由于是平移轨迹法加工,会出现很多空刀,应考虑更为合理的加工工艺方案。

(3) 零件轮廓由 G73 指令中顺序号 ns～nf 的程序段编写。精加工余量的方向符号与 G71、G72 相同。

4）编程举例

例 3.7　编写如图 3-38 所示零件的加工程序,设切削起点在 $A(60,5)$, X、Z 方向粗加工余量分别为 5mm、1mm;粗加工次数为 5;X、Z 方向精加工余量分别为 0.5mm、

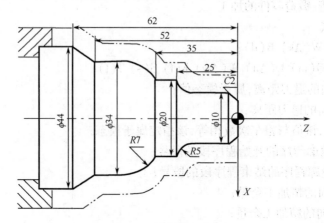

图 3-38　仿型加工零件

0.1mm。其中点画线部分为工件毛坯,并完成零件程序的编写(表3-13)。

表3-13 零件仿型加工程序与说明

程 序	程 序 说 明
O0006;	程序名
T0101;	设立坐标系,选1号刀,1号刀补
G00 X100.0 Z80.0;	快速定位到起刀点
M03 S800;	主轴以800r/min正转
G00 X60.0 Z5.0;	刀具到循环起点位置
G73 U5.0 W1.0 R5; G73 P06 Q17 U0.5 W0.1 F0.2;	封闭粗切削循环、粗加工次数5次,X、Z方向粗加工余量分别为0.5mm、0.1mm
N06 G01 X0 F0.1;	加工程序起始行
Z0;	端面加工
X6.0;	倒角起点
G01 X10.0 Z-2.0;	倒角C2
Z-20.0;	加工ϕ10外圆
G02 X20.0 Z-25.0 R5;	加工R5圆弧
G01 Z-35.0;	加工ϕ20外圆
G03 X34.0 W-7 R7;	加工R7圆弧
G01 Z-52.0;	加工ϕ34外圆
X44.0 Z-62.0;	加工外圆锥面
W-1;	加工ϕ44外圆
N17 G01 X48.0;	加工程序结束行
S1200	变速1200r/min精车
G70 P06 Q17;	精加工轮廓
G00 X100.0 Z200.0;	快速退刀到安全位置
M05;	主轴停转
M30;	程序结束

2.1.4 刀尖半径补偿

数控车床加工编程时,是按车刀理想刀尖为基准进行编写轨迹程序的,但实际上刀尖处存在圆角,如图3-39所示。理想刀尖并不是车刀与工件接触点,实际起作用的是刀尖圆弧上各切点。当用按理想刀尖点编出的程序进行端面、外径、内径等与轴线平行或垂直的表面加工时,是不会产生误差的。但在进行倒角、锥面、及圆弧切削时,则会产生少切或过切现象,如图3-40所示。具有刀尖圆弧自动补偿功能的数控系统能根据刀尖圆弧半径计算出补偿量,如图3-41所示,通过刀具补偿功能控制误差,保证精度。

1. 刀尖半径补偿指令G41、G42、G40

刀尖半径补偿是通过G41、G42、G40代码及T代码指定的刀尖圆弧半径补偿号来加入或取消半径补偿。

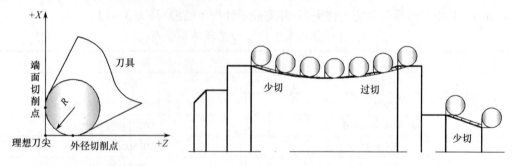

图 3-39　刀尖半径 R 和理想刀尖

图 3-40　刀尖圆弧 R 造成的少切与过切

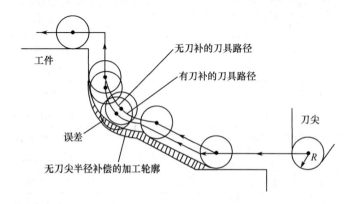

图 3-41　刀尖半径补偿示意图

(1) 刀尖半径左补偿 G41。在后置刀架坐标系中,沿着刀具运动方向看,刀具位于工件轮廓左侧时,称为左刀补,如图 3-42 所示。用该指令实现左补偿。对前置刀架而言,情形则相反,如图 3-43 所示。

(2) 刀尖半径右补偿 G42。在后置刀架坐标系中,沿着刀具运动方向看,刀具位于工件轮廓右侧时,称为右刀补,如图 3-42 所示。用该指令实现右补偿。对前置刀架而言,情形则相反,如图 3-43 所示。

(3) 取消刀尖半径补偿 G40,使用该指令则取消 G41、G42 设定的补偿。

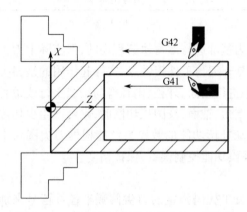

图 3-42　后置刀架坐标系中刀尖半径补偿

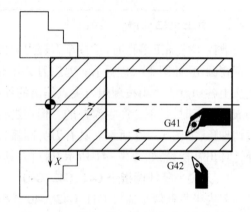

图 3-43　前置刀架坐标系中刀尖半径补偿

2. 编程格式

刀具半径左补偿:G41 G01/G00 X_ Z_ F_;
刀具半径右补偿:G42 G01/G00 X_ Z_ F_;
取消刀具半径补偿:G40 G01/G00 X_ Z_ F_;
X:X 方向的终点坐标值(绝对坐标值);
Z:Z 方向的终点坐标值(绝对坐标值);
F:进给速度(每转进给或每分钟进给)。

3. 指令说明

(1) G40、G41、G42 后可不跟 G00 或 G01 指令,X(U)、Z(W)为 G00/G01 的参数,即建立或取消刀补的终点。

(2) G40、G41、G42 均为模态 G 代码。

(3) 判断左刀补还是右刀补时,无论是前置刀架还是后置刀架,观察者均是从垂直该平面的轴的正方向往负方向观察刀具与工件的位置,然后判别左右刀补。

4. 车刀刀尖方位

在实际加工中,由于被加工工件的加工需要,刀具和工件间将会存在不同的位置关系;刀尖圆弧半径补偿寄存器中,定义了车刀圆弧半径及刀尖的方向号。车刀刀尖的方向号定义了刀具刀位点与刀尖圆弧中心的位置关系,有 0～9 共 10 个方向,如图 3-44 所示。

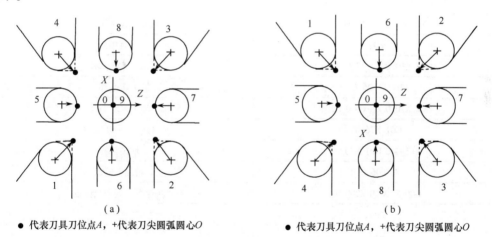

● 代表刀具刀位点A，+代表刀尖圆弧圆心O   ● 代表刀具刀位点A，+代表刀尖圆弧圆心O

图 3-44 前置与后置刀架刀尖方位定义

5. 刀尖半径补偿注意事项

(1) G41、G42 指令不能与 G02 或 G03 指令写在同一程序段。

(2) 刀尖半径补偿使用结束后,必须用 G40 指令取消补偿。

(3) 在使用 G41 或 G42 指令时,不允许有两个连续的非移动指令,否则刀具在前面程序段终点的垂直位置上停止,且产生过切或欠切现象。非移动指令有 M 代码、S 代码、暂停指令 G04、某些 G 代码(如 G50 等)、移动量为零的切削指令(如 G01 U0 W0)等。

(4) 刀具因磨损、重磨、更换新刀而引起刀尖圆弧半径改变后,不必修改程序,只需在刀补表界面中修改刀尖半径补偿量即可。

（5）加工程序中,当调用另一把刀具或要更改刀尖补偿方向时,中间必须取消刀尖补偿,否则会产生加工误差。

6. 编程举例

例 3.8 加工如图 3-45 所示的零件,毛坯尺寸为 φ80×100mm 的棒料,设切削起点在 A(82,5),X、Z 方向粗加工余量分别为 0.5mm、0.1mm；工件材料为 45 钢,完成零件程序的编写（表 3-14）。

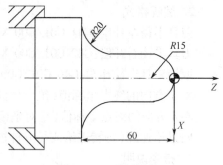

图 3-45 手柄零件

表 3-14 手柄零件加工程序与说明

程 序	程 序 说 明
O0007;	程序名
T0101;	设立坐标系,选 1 号刀,1 号刀补
G00 X100.0 Z100.0;	快速定位到起刀点
M03 S800;	主轴以 800r/min 正转
G00 X82.0 Z5.0;	刀具到循环起点位置
G71 U1.5 R1.0; G71 P06 Q12 U0.5 W0.1 F0.2;	封闭粗切削循环
N06 G42 G01 X0 F0.1;	精加工程序起始行
Z0;	端面加工
G03 X30.0 Z-15.0 R15;	加工 R15 圆弧
G01 Z-25.0;	加工 φ30 外圆
G02 X70.0 Z-60.0 R20;	加工 R20 圆弧
G01 X76.0;	加工 Z-60 端面
N12 G40 G01 X80.0;	取消刀补
G70 P06 Q12;	精加工轮廓
G00 X100.0 Z200.0;	快速退刀到安全位置
M05;	主轴停转
M30;	程序结束

2.2 华中系统编程指令

2.2.1 恒线速度功能

1. 恒线速控制

编程格式:G96 S_

S:恒定的线速度,单位为 m/min。

例 3.9 G96 S150 表示切削点线速度控制在 150m/min。

注意:使用恒线速度功能,主轴必须能自动变速,并应在系统参数中设定主轴最高限速。

2. 恒转速控制

编程格式:G97 S_

S:恒线速度控制取消后的主轴转速。

例 3.10 G97 S3000 表示恒线速控制取消后主轴转速 3000r/min。

3. 最高转速限制

编程格式:G46 X_ P_

X:最低转速,单位为 r/min;

P:最高转速,单位为 r/min。

例 3.11 G46 X200 P3000 表示最低转速限制为 200r/min,最高转速限制为 3000r/min。

2.2.2 圆弧编程指令

1. 圆弧插补 G02/G03 指令介绍

1) 编程格式

$$\begin{Bmatrix} G02 \\ G03 \end{Bmatrix} X(U)\_Z(W)\_ \begin{Bmatrix} I\_K\_ \\ R\_ \end{Bmatrix} F\_$$

2) 格式含义

圆弧指令格式见表 3-15。

表 3-15 圆弧指令格式

条件	指令		说 明
旋转方向	G02		顺时针方向
	G03		逆时针方向
终点位置	X、Z		为终点数值,是工件坐标系中的坐标值
	U、W		为从起点到终点的增量(U 为直径值)
圆弧特征	圆心坐标	I、K	起点到圆心的增量
	圆弧半径	R	圆弧半径
进给速度	F		被编程的两轴的合成进给速度

各参数之间的关系如图 3-46 所示。

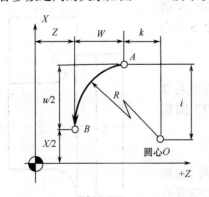 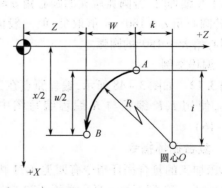

图 3-46 G02/G03 参数说明

注意: I、K 为起点到圆心的距离,在绝对、增量编程时都是以增量方式指定,在直径、半径编程时 I 都是半径值。分别表述如下:

$$I = (X_{圆心} - X_{圆弧起点})/2$$
$$K = Z_{圆心} - Z_{圆弧起点}$$

3)指令说明

Δd:切削深度(每次切削量,半径值),指定时无正负号;方向由 AA' 决定;

r:每次退刀量(半径值),指定时无正负号;

ns:精加工路径起始程序段顺序号,起始程序段一般选择沿 X 方向进刀程序段;

nf:精加工路径结束程序段顺序号,结束程序段一般选择沿 X 方向退刀程序段;

Δx:X 方向精加工余量(直径值);

Δz:Z 方向精加工余量;

f,s,t:粗加工时 G71 中编程的 F、S、T 有效,而精加工时处于 ns～nf 程序段之间的 F、S、T 有效。

2. 圆弧插补 G02/G03 的判断方法

沿着不在圆弧平面内的坐标轴,由正方向往负方向看,顺时针走向用 G02,逆时针走向用 G03。如图 3-47 所示。

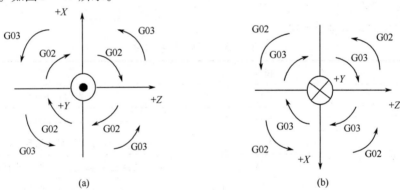

图 3-47 G02/G03 插补方向

3. 圆弧插补指令使用注意事项

(1)在编程时,若同时编入 R 与 I、K,则 R 有效。

(2)R 编程时,若圆弧所夹的圆心角 α≤180°,R 值取正;若圆心角 α>180°,R 值取负,但一般情况下不会加工圆心角大于 180°的圆弧。

4. 编程举例

例 3.12 如图 3-48 所示,编程原点在工件的右端面中心,使用 I、K 编程与 R 编程编写图中 R12 圆弧(表 3-16)。

2.2.3 复合循环指令

车床加工的复合循环指令有四类:G71 内(外)径粗车复合循环;G72 端面粗车复合循环;G73 封闭轮廓复合循环;G76 螺纹切削复合循环。本节介绍前三种循环。

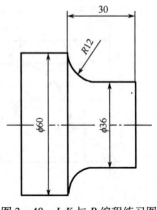

图 3-48 I、K 与 R 编程练习图

表3-16 零件R12圆弧加工程序

编程方式	指定圆心I、K	指定半径R
绝对方式	G02 X60 Z-30 I12 K0 F150	G02 X60 Z-30 R12 F150
增量方式	G02 U24 W-12 I12 K0 F150	G02 U24 W-12 R12 F150

运用这些复合循环指令,只需指定粗加工路线和粗加工的背吃刀量,系统会自动计算粗加工路线和走刀次数,非常方便地完成零件复杂零件程序的编制。

1. 内(外)径粗车复合循环 G71

1) 编程格式

G71 U(Δd)_ R(r)_ P(ns)_ Q(nf)_ X(Δx)_ Z(Δz)_ F(f)_ S(s)_ T(t)_

2) 指令说明

(1) 该指令执行如图3-49所示的粗加工和精加工,并且循环结束后刀具回到循环起点。精加工路径为 $A \rightarrow A' \rightarrow B' \rightarrow B$ 的轨迹。

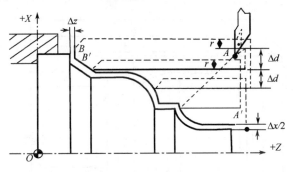

图3-49 内外径粗切切复合循环

(2) G71切削循环下,切削进给方向平行于Z轴,X(Δx)和Z(Δz)的符号随加工位置的不同而选择不同的符号(往正方向留余量还是往负方向留余量)。如图3-50所示,其中(+)表示沿轴正方向移动,(-)表示沿轴负方向移动。

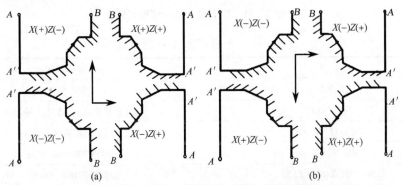

图3-50 G71复合循环下 X(Δx)和Z(Δz)的符号

由图3-50可得,加工外轮廓时,Δx 应为正值,即向+X方向留余量;加工内轮廓时,Δx 应为负值,即向-X方向留余量。若 Δx 为正值,则会产生过切。

而 Δz 值则应根据加工方向及加工轮廓沿Z方向的走向决定。

注意事项:

(1) G71指令必须带有P,Q地址ns、nf,且与精加工路径起/止顺序号对应,否则不能进行该循环加工。

(2) ns的程序段必须为G00/G01指令,即从A到A'的动作必须是直线或点定位运动。

(3) 在顺序号ns~nf的程序段中,不应包含子程序。

3) 编程举例

例3.13 用外径粗加工复合循环编写图3-51所示零件的加工程序(表3-17),要求循环起点在$A(46,3)$,切削深度为1.5mm(半径值),退刀量为1mm,X方向精加工余量为0.4mm,Z方向精加工余量为0.1mm,其中点画线部分为工件毛坯;工件右端面中心为编程原点,水平向右为+Z,垂直方向为X,因前置刀架及后置刀架坐标编程相同,故未给出+X方向。

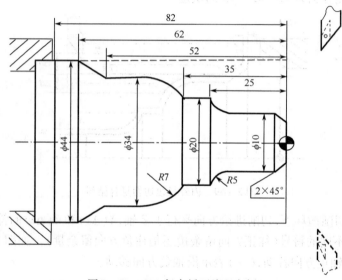

图3-51 G71复合循环编程实例

表3-17 外径粗加工程序与说明

程 序	程 序 说 明
%3002	程序名
N01 T0101	设立坐标系,选1号刀,1号刀补
N02 G00 X80 Z80	快速定位到起刀点
N03 M03 S700	主轴以700r/min正转
N04 G01 X46 Z3 F150	刀具到循环起点位置
N05 G71 U1.5 R1 P6 Q16 X0.6 Z0.1 F100	粗切削循环,粗切量1.5,精切量X0.6,Z0.1
N06 G01 X0 F150	精加工程序起始行,到轴心延长线上
N07 G01 Z0 F100	到端面中心
N08 X6	精加工端面
N09 X10 Z-2	精加工C2倒角

(续)

程 序	程序说明
N10 Z-20	精加工 $\phi 10$ 外圆
N11 G02 X20 Z-25 R5	精加工 $R5$ 圆弧
N12 G01 Z-35	精加工 $\phi 20$ 外圆
N13 G03 X34 W-7 R7	精加工 $R7$ 圆弧
N14 G01 Z-52	精加工 $\phi 34$ 外圆
N15 X44 Z-62	精加工外圆锥
N16 X46	精加工程序结束行,退出加工面
N17 G00 X100	X 方向快速退刀到安全位置
N18 G00 Z200	Z 方向快速退刀到安全位置
N19 M05	主轴停转
N20 M02	程序结束

例 3.14 用内径粗加工复合循环编写图 3-52 所示零件的加工程序(表 3-18),要求循环起始点在 $A(6,5)$,切削深度为 1.5mm(半径量)。退刀量为 1mm,X 方向精加工余量为 0.4mm,Z 方向精加工余量为 0.1mm,其中点画线部分为工件毛坯。

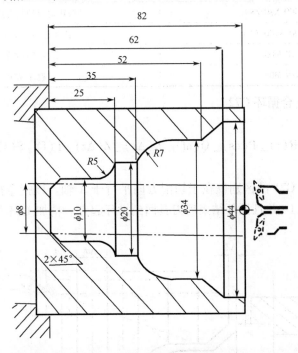

图 3-52 G71 复合循环编程实例

表 3-18 内径粗加工程序与说明

程 序	程序说明
%3003	程序名
N01 T0101	设立坐标系,选 1 号刀,1 号刀补

(续)

程 序	程 序 说 明
N02 G00 X80 Z80	快速定位到起刀点
N03 M03 S800	主轴以 800r/min 正转
N04 G01 X6 Z5 F200	刀具到循环起点位置
N05 G71 U1.5 R1 P06 Q14 X−0.4 Z0.1 F150	粗切削循环,粗切量1.5,精切量 X−0.4, Z0.1
N06 G01 X44 F150	精加工程序起始行,到 φ44 内圆延长线上
N07 G01 Z−20 F100	精加工 φ44 内圆
N08 X34 Z−30	精加工内圆锥
N09 W−10	精加工 φ34 内圆
N10 G03 X20 W−7 R7	精加工 R7 圆弧
N11 G01 W−10	精加工 φ20 内圆
N12 G02 X10 W−5 R5	精加工 R5 圆弧
N13 G01 W−18	精加工 φ10 内圆
N14 X6 W−4	精加工 C2 倒角,精加工程序结束行
N15 G01 Z5 F200	退刀到工件外
N16 G00 X80 Z80	快速退刀到起刀点位置
N17 G00 X100 Z200	快速退刀到安全位置
N18 M05	主轴停转
N19 M02	程序结束

2. 端面粗车复合循环 G72

1)编程格式

G72 W(Δd)_ R(r)_ P(ns)_ Q(nf)_ X(Δx)_ Z(Δz)_ F(f)_ S(s)_ T(t)_

2)指令说明

(1)该循环与 G71 的区别仅在于切削方向平行于 X 轴。该指令执行如图 3-53 所示的粗加工和精加工,并且循环结束后刀具回到循环起点。精加工路径为 A→A′→B′→B 的轨迹。

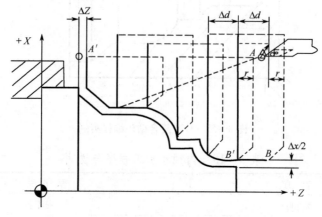

图 3-53 端面粗车复合循环 G72

Δd:切削深度(每次切削量),指定时无正负号;方向由 **AA′** 决定;

r:每次退刀量,指定时无正负号;

ns:精加工路径起始程序段顺序号,起始程序段一般选择沿 Z 方向进刀程序段;

nf:精加工路径结束程序段顺序号,结束程序段一般选择沿 Z 方向退刀程序段;

Δx:X 方向精加工余量(直径值);

Δz:Z 方向精加工余量;

f,s,t:粗加工时 G72 中编程的 F、S、T 有效,而精加工时处于 ns~nf 程序段之间的 F、S、T 有效。

(2) G72 切削循环下,切削进给方向平行于 X 轴,X(Δx)和 Z(Δz)的符号随加工位置的不同而选择不同的符号(即往正方向留余量还是往负方向留余量),如图 3-54 所示,其中(+)表示沿轴正方向移动,(-)表示沿轴负方向移动。

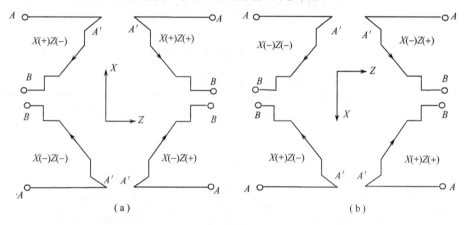

图 3-54 G72 复合循环下 X(Δx)和 Z(Δz)的符号

注意事项:

(1) G72 指令必须带有 P、Q 地址 ns、nf,且与精加工路径起、止顺序号对应,否则不能进行该循环加工。

(2) ns 的程序段必须为 G00/G01 指令,即从 A 到 A′ 的动作必须是直线或点定位运动。

(3) 在顺序号 ns~nf 的程序段中,不应包含子程序。

3) 编程举例

例 3.15 用端面粗加工复合循环编写如图 3-55 所示零件的加工程序(表 3-19),要求循环起点在 A(80,1),切削深度为 1.2mm,退刀量为 1mm,X 方向精加工余量为 0.2mm,Z 方向精加工余量为 0.5mm,其中点画线部分为工件毛坯。

3. 封闭轮廓复合循环 G73

1) 编程格式

G73 U(ΔI)_ W(Δk)_ R(r)_ P(ns)_ Q(nf)_ X(Δx)_Z(Δz)_F(f)_S(s)_T(t)_

2) 指令说明

该功能在切削工件时刀具轨迹是如图 3-56 所示的封闭回路,刀具逐渐进给,使封闭切削回路逐渐向零件最终形状靠近,最终切削成工件的形状,其精加工路径为 A→A′→B′→B。

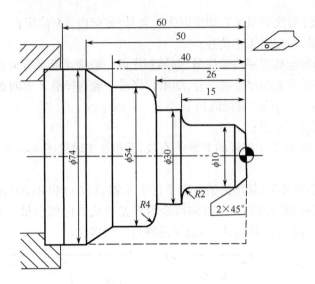

图 3-55 G72 复合循环编程实例

表 3-19 零件端面粗加工程序与说明

程 序	程 序 说 明
%3004	程序名
N01 T0101	设立坐标系,选 1 号刀,1 号刀补
N02 G00 X100 Z80	快速定位到起刀点
N03 M03 S600	主轴以 600r/min 正转
N04 G00 X80 Z1 F150	刀具到循环起点位置
N05 G72 W1.2 R1 P06 Q17 X0.2 Z0.5 F150	粗切削循环,粗切量 1.2,精切量 X0.2,Z0.5
N06 G01 Z-60 F200	精加工程序起始行
N07 G01 X74 F100	到工件上
N08 Z-50	精加工 $\phi74$ 外圆
N09 X54 Z-40	精加工外圆锥面
N10 Z-30	精加工 $\phi54$ 外圆
N11 G02 X46 Z-26 R4	精加工 R4 圆弧
N12 G01 X30	精加工 Z-26 处端面
N13 Z-15	精加工 $\phi30$ 外圆
N14 X14	精加工 Z-15 处端面
N15 G03 X10 Z-13 R2	精加工 R2 圆弧
N16 G01 Z-2	精加工 $\phi10$ 外圆
N17 X4 Z1	精加工 C2 倒角,精加工程序结束行,退出加工面
N18 G00 X100 Z200	快速退刀到安全位置
N19 M05	主轴停转
N20 M02	程序结束

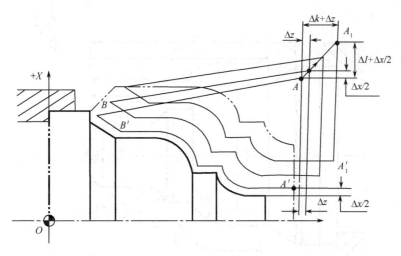

图 3-56 封闭车削复合循环 G73

这种指令能对铸造、锻造等粗加工中已初步成型的工件进行高效率切削。

Δi:X 轴方向的粗加工总余量;

Δk:Z 轴方向的粗加工总余量;

r:粗切削次数;

ns:精加工路径起始程序段顺序号(图 3-56 中的 AA′);

nf:精加工路径结束程序段顺序号(图 3-56 中的 BB′);

Δx:X 方向精加工余量(直径值);

Δz:Z 方向精加工余量;

f,s,t:粗加工时 G72 中编程的 F、S、T 有效,而精加工时处于 ns~nf 程序段之间的 F、S、T 有效。

注意事项:

(1) Δi 和 Δk 表示粗加工时总的切削量,粗加工次数为 r,则每次 X、Z 方向的切削量为 Δi/r,Δk/r。

(2) 按 G73 段中的 P 和 Q 指令值实现循环加工,要注意 Δx 和 Δz,Δi 和 Δk 的正负号。

(3) 在 MDI 方式下,不能运行复合循环指令。

(4) 在复合循环 G71、G72、G73 中由 P、Q 指定顺序号的程序段之间,不应包含 M98 子程序调用及 M99 子程序返回指令。

3) 编程举例

例 3.16 编写如图 3-57 所示零件的加工程序(表 3-20),设切削起点在 A(60,5),X、Z 方向粗加工余量分别为 3mm、0.9mm;粗加工次数为 3;X、Z 方向精加工余量分别为 0.6mm、0.1mm。其中点画线部分为工件毛坯。

2.2.4 刀尖半径补偿

1. 刀尖半径补偿指令 G41、G42、G40

刀尖半径补偿是通过 G41、G42、G40 代码及 T 代码指定的刀尖圆弧半径补偿号来加入或取消半径补偿。

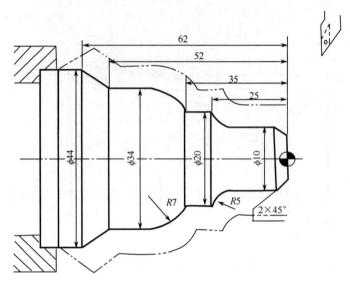

图 3-57 G73 编程实例

表 3-20 零件粗加工程序与说明

程 序	程 序 说 明
%3005	程序名
N01 T0101	设立坐标系,选1号刀,1号刀补
N02 G00 X100 Z80	快速定位到起刀点
N03 M03 S800	主轴以 800r/min 正转
N04 G00 X60 Z5	刀具到循环起点位置
N05 G73 U3 W0.9 R3 P06 Q15 X0.6 Z0.1 F120	封闭粗切削循环
N06 G01 X0 Z3 F200	精加工程序起始行
N07 G01 X10 Z-2 F100	倒角 C2
N08 Z-20	精加工 ϕ10 外圆
N09 G02 X20 Z-25 R5	精加工 R5 圆弧
N10 G01 Z-35	精加工 ϕ20 外圆
N11 G03 X34 W-7 R7	精加工 R7 圆弧
N12 G01 Z-52	精加工 ϕ34 外圆
N13 X44 Z-62	精加工外圆锥面
N14 W-1	精加工 ϕ44 外圆
N15 G01 X48	精加工程序结束行,退出加工面
N16 G00 X100 Z200	快速退刀到安全位置
N17 M05	主轴停转
N18 M02	程序结束

（1）刀尖半径左补偿 G41。在后置刀架坐标系中,沿着刀具运动方向看,刀具位于工件轮廓左侧时,称为左刀补,如图 3-58(a)所示。用该指令实现左补偿。对前置刀架而言,情形则相反,如图 3-59(a)所示。

(2) 刀尖半径右补偿 G42。在后置刀架坐标系中,沿着刀具运动方向看,刀具位于工件轮廓右侧时,称为右刀补,如图 3-58(b)所示。用该指令实现右补偿。对前置刀架而言,情形则相反,如图 3-59(b)所示。

(3) 取消刀尖半径补偿 G40,使用该指令则取消 G41、G42 设定的补偿。

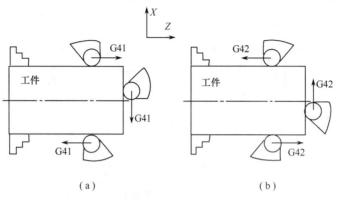

图 3-58 后置刀架坐标系中刀尖半径补偿

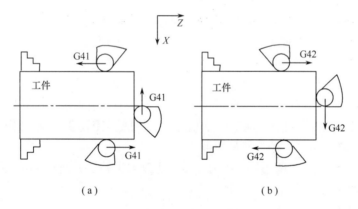

图 3-59 前置刀架坐标系中刀尖半径补偿

2. 编程格式

$$\begin{Bmatrix} G41 \\ G42 \\ G40 \end{Bmatrix} \begin{Bmatrix} G01 \\ G00 \end{Bmatrix} X(U)\_\ Z(W)\_$$

3. 指令说明

(1) G40、G41、G42 后可不跟 G00 或 G01 指令,X(U)、Z(W)为 G00/G01 的参数,即建立或取消刀补的终点。

(2) G40、G41、G42 均为模态 G 代码。

(3) 判断左刀补还是右刀补时,无论是前置刀架还是后置刀架,观察者均是从 Y 轴的正往负向观察刀具与工件的位置,然后判别左右刀补。

4. 车刀刀尖方位

在实际加工中,由于被加工工件的加工需要,刀具和工件间将会存在不同的位置关系;刀尖圆弧半径补偿寄存器中,定义了车刀圆弧半径及刀尖的方向号。车刀刀尖的方向号定义了刀具刀位点与刀尖圆弧中心的位置关系,有 0~9 共 10 个方向,如图 3-60 所示。

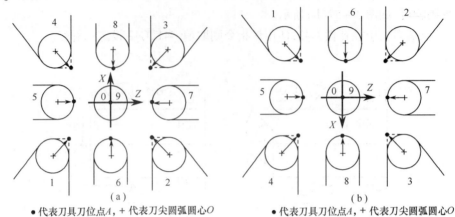

● 代表刀具刀位点 A,+ 代表刀尖圆弧圆心 O　　　● 代表刀具刀位点 A,+ 代表刀尖圆弧圆心 O

图 3-60　前置与后置刀架刀尖方位定义

5. 刀尖半径补偿注意事项

(1) G41、G42 指令不能与 G02 或 G03 指令写在同一程序段。

(2) 刀尖半径补偿使用结束后,必须用 G40 指令取消补偿。

(3) 在使用 G41 或 G42 指令时,不允许有两个连续的非移动指令,否则刀具在前面程序段终点的垂直位置上停止,且产生过切或欠切现象。非移动指令有 M 代码、S 代码、暂停指令 G04、某些 G 代码(如 G50 等)、移动量为零的切削指令(如 G01 U0 W0)等。

(4) 刀具因磨损、重磨、更换新刀而引起刀尖圆弧半径改变后,不必修改程序,只需在刀补表界面中修改刀尖半径补偿量即可。

(5) 加工程序中,当调用另一把刀具或要更改刀尖补偿方向时,中间必须取消刀尖补偿,否则会产生加工误差。

6. 编程举例

例 3.17　考虑刀尖半径补偿,编写如图 3-61 所示零件的精加工程序(表 3-21)。

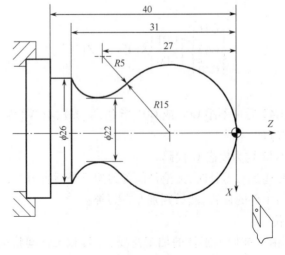

图 3-61　编程练习图

表 3-21 零件精加工程序与说明

程 序	程 序 说 明
%1234	程序名
N01 T0101	设立坐标系,选 1 号刀,1 号刀补
N02 M03 S1000	主轴以 1000r/min 正转
N03 G00 X100 Z100	确定起刀点
N04 G00 X50 Z5	快速到达切削起点
N05 G00 X0	到达工件中心
N06 G01 G42 Z0 F200	建立刀尖半径补偿,工进接触工件毛坯
N07 G03 U24 W-24 R15 F150	加工 R15 圆弧段(增量方式)
N08 G02 X26 Z-31 R5	加工 R5 圆弧段(绝对方式)
N09 G01 Z-40	加工 φ26 外圆
N10 G01 X40	退出加工表面
N11 G00 G40 X50 Z5	取消刀尖半径补偿,回起刀点位置
N12 G00 X100 Z200	回到安全位置
N13 M05	主轴停
N14 M30	主程序结束并复位

2.3 锥度及圆弧轴零件的编程

1. 左端面加工程序

加工零件左端面编程坐标系如图 3-62 所示,零件左端面加工程序与说明见表 3-22。

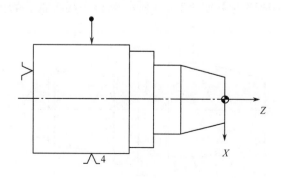

图 3-62 零件左端面编程坐标系

表 3-22 零件左端面加工程序与说明

程序			
FANUC 系统	程 序 说 明	华中系统	程 序 说 明
O0001;	左端外轮廓加工程序名	%0001	左端外轮廓加工程序名
T0101;	设立坐标系,选1号刀,1号刀补	T0101;	设立坐标系,选1号刀,1号刀补
M03 S1000;	主轴以 1000r/min 正转	M03 S1000;	主轴以 1000r/min 正转
G00 X100.0 Z100.0;	刀具快速定位到安全点	G00 X100.0 Z100.0;	刀具快速定位到安全点
G00 X48.0 Z5.0;	刀具到循环起点位置	G00 X48.0 Z5.0;	刀具到循环起点位置
G71 U1.5 R1.0; G71 P01 Q20 U0.5 W0.1 F0.15;	粗切削循环,粗切量1.5,退刀量1,精切余量X0.5,Z0.1,进给0.15mm/r	G71U1.5R1P01Q20 X0.5 Z0.1 F150;	粗切削循环,粗切量1.5,退刀量1,精切余量X0.5,Z0.1,进给150 mm/min
N01 G42 G01 X0 F0.1;	加工程序起始行,建立刀具半径补偿	S1200	变速精车 1200r/min 正转
Z0;	到端面中心	N01 G42 G01 X0 F100;	加工程序起始行,建立刀具半径补偿
G01 X20.0;	加工端面	Z0;	到端面中心
G01 X30.0 Z-20.0;	加工锥面	G01 X20.0;	加工端面
Z-32.0;	加工φ30 外圆	G01 X30.0 Z-20.0	加工锥面
G01 X42.0;	加工 Z-43 的台阶面	Z-32.0;	加工φ30 外圆
Z-43;	加工φ42 外圆	G01 X42.0;	加工 Z-43 的台阶面
N20 G40G01 X48.0;	加工程序结束行,取消刀补,	Z-43;	加工φ42 外圆
S1200;	变速精车 1200r/min 正转	N20 G40G01 X48.0;	加工程序结束行,取消刀补
G70 P01 Q20;	精加工轮廓	G00 X100.0 Z100.0;	快速退刀到安全位置
G00 X100.0 Z100.0;	快速退刀到安全位置	M30;	程序结束并复位
M30;	程序结束并复位	—	—

2. 编写右端面加工程序

加工零件右端面编程坐标系如图 3-63 所示,零件右端面加工程序与说明见表 3-23。

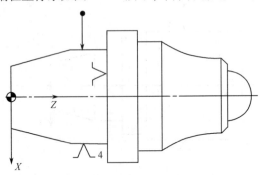

图 3-63 零件右端面编程坐标系

表 3-23 零件右端面加工程序与说明

程 序			
FANUC 系统	程 序 说 明	华中系统	程 序 说 明
O0002;	右端外轮廓加工程序名	%0002	右端外轮廓加工程序名
T0102;	设立坐标系,选1号刀,2号刀补	T0102;	设立坐标系,选1号刀,2号刀补
M03 S800;	主轴以800r/min 正转	M03 S800;	主轴以800r/min 正转
G00 X100.0 Z200.0;	刀具快速定位到安全点	G00 X100.0 Z200.0;	刀具快速定位到安全点
G00 X48.0 Z90.0;	刀具到循环起点位置	G00 X48.0 Z90.0;	刀具到循环起点位置
G71 U1.5 R1.0; G71 P10 Q60 U0.5 W0.1 F0.15;	粗切削循环,粗切量1.5,退刀量1 精切余量 X0.5,Z0.1,进给 0.15mm/r	G71 U1.5 R1.0 P10Q60 X0.5 Z0.1 F150;	粗切削循环,粗切量1.5,退刀量1 精切余量 X0.5,Z0.1,进给 150mm/min
N10 G42 G01 X0 F0.10;	加工程序起始行,建立刀具半径补偿	M03 S1200;	变速精车1200r/min 正转
Z80.0;	到端面中心	N10 G42 G01 X0 F100;	加工程序起始行,建立刀具半径补偿
G03 X16.0 Z72.0 R8;	加工 R8 球面	Z80.0;	到端面中心
G01 X20.0;	加工 Z72 的台阶面	G03 X16.0 Z72.0 R8;	加工 R8 球面
G01 X24.0 Z70.0;	加工 C2 倒角	G01 X20.0;	加工 Z72 的台阶面
G02 X35.0 Z50.0 R33;	加工 R33 圆弧	G01 X24.0 Z70.0;	加工 C2 倒角
G01 Z42.0;	加工 φ35 外圆	G02 X35.0 Z50.0 R33;	加工 R33 圆弧
N60 G40 G01 X48.0;	加工程序结束行,取消刀具半径补偿	G01 Z42.0;	加工 φ35 外圆
S1200;	变速精车1200r/min 正转	N60 G40 G01 X48.0;	加工程序结束行,取消刀具半径补偿
G70 P10 Q60;	精加工轮廓	G00 X100.0 Z200.0;	快速退刀到安全位置
G00 X100.0 Z200.0;	快速退刀到安全位置	M30;	程序结束并复位
M30;	程序结束并复位	—	—

任务三 锥度及圆弧轴零件的加工实施

知识与技能点

- 掌握工件的装夹与外圆刀的安装;
- 掌握刀尖半径补偿指令控制精度;
- 掌握锥度及圆弧轴零件的测量方法;
- 能正确分析锥度及圆弧轴零件的误差成因。

3.1 工件与刀具装夹

3.1.1 工件装夹

该模块加工任务的零件典型轴类零件,长度适中,可选用三爪卡盘进行装夹。毛坯伸出长度约为55mm,其装夹如图3-29、图3-30所示。

3.1.2 刀具的安装

1. 外圆车刀的安装

(1) 车刀装夹在刀架上,在满足加工的前提下,伸出部分应尽量短,以增强其刚性。否则切削时刀杆的刚性减弱,容易产生振动,影响工件的表面粗糙度,甚至使车刀损坏,如图3-64所示。车刀的伸出长度,一般以不超过刀杆厚度的1.5倍为宜。车刀下面的垫片要平整,并应与刀架对齐,而且尽量以少量的厚垫片代替较多的薄垫片,以防止车刀产生振动。

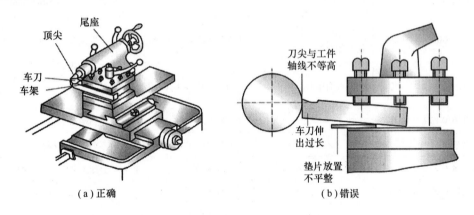

图3-64 外圆车刀安装示意图

(2) 车刀刀尖应与工件中心等高。当车刀刀尖高于工件轴线时,车刀的实际后角减小,车刀后面与工件之间的摩擦增大,车至端面中心时会留有凸台;当车刀刀尖低于工件轴线时,车刀的实际前角减小,切削阻力增大,易使刀尖崩碎,如图3-65所示。

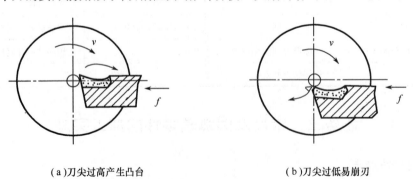

图3-65 刀尖安装高度影响示意图

(3) 数控车床车刀刀杆中心线应与进给方向垂直,否则会使主偏角和副偏角的数值发生变化。刀具要用两个螺钉压紧在刀架上,并依次逐步轮流压紧,拧紧力量要适当。

3.2 刀具半径补偿参数设置

3.2.1 FANUC 系统刀具半径补偿参数设置

1. 输入刀尖半径补偿参数

（1）按 OFS/SET 功能键进入参数设定页面。

（2）将光标移到对应刀补号的半径栏中，输入刀尖半径补偿值（如图 3-66 所示输入刀尖半径为 0.8）。

（3）按 INPUT 键完成输入。

2. 输入刀尖方位参数

数控程序中调用刀具补偿命令时，需在工具补正界面下，T 值中设定所选刀具的刀尖方位参数值。刀尖方位参数值根据所选刀具的刀尖方位参照图 3-44 得到，在"刀尖方位"对应的栏中输入参数值，如图 3-66 所示输入刀尖方位为 3。

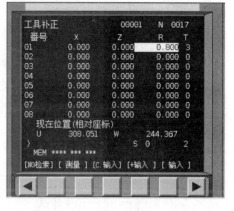

图 3-66 刀尖半径补偿参数设置界面

注意事项：

（1）刀补表中的序号参数必须与刀偏表中的序号对应。

（2）R 为刀尖半径补偿值存储器，T 为刀尖方位号存储器。

3.2.2 华中系统刀具半径补偿参数设置

1. 输入刀尖半径补偿参数

（1）按软键 刀补表 F3 进入参数设定页面，如图 3-67 所示。

图 3-67 刀尖半径补偿参数设置界面

（2）用 ▲ ▼ ◄ ► 以及 PgUp PgDn 将光标移到对应刀补号的半径栏中，按 Enter 键后，输入刀尖半径补偿值，输入完毕，按 Enter 键确认，或按 Esc 键取消。

2. 输入刀尖方位参数

数控程序中调用刀具补偿命令时，需在刀补表中设定所选刀具的刀尖方位参数值。刀尖方位参数值根据所选刀具的刀尖方位参照图 3-60 得到，在"刀尖方位"对应的栏中输入参数值。

注意事项：

（1）刀补表中的序号参数必须与刀偏表中的序号对应。

（2）刀补表和刀偏表中#XX00 行虽然可以输入补偿参数，但在数控程序调用时数据被取消，因此该栏中不能输入参数。

3.3 零件测量及误差分析

3.3.1 锥度的测量

对圆锥体的检验，是检验圆锥角、圆锥直径、圆锥表面形状要求的合格性。检验内圆锥用圆锥塞规，检验外圆锥用圆锥环规，如图 3-68 所示。锥规的大端或小端有两条刻线，距离为 Z，该距离值 Z 代表被检圆锥的直径公差 T 在轴向的量。被检件若直径合格，其端面应在距离为 Z 的两条刻线之间。其接触精度常用涂色法来判定。

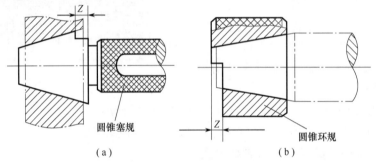

图 3-68 锥度测量

正弦规是利用三角法测量角度的一种精密量具。一般用来测量带有锥度或角度的零件。因其测量结果是通过直三角形的正弦关系来计算的，所以称为正弦规，如图 3-69 所示。它主要由一准确钢制长方体——主体和固定在其两端的两个相同直径的钢圆柱体组成。其两个圆柱体的中心距要求很准确，两圆柱的轴心线距离 L 一般为 100mm 或 200mm 两种。工作时，两圆柱轴线与主体严格平衡，且与主体相切。如图 3-69 所示是用正弦规测量外圆锥锥度。在直角三角形中，$\sin\alpha = H/L$，式中 H 为量块组尺寸，按被测角度的公

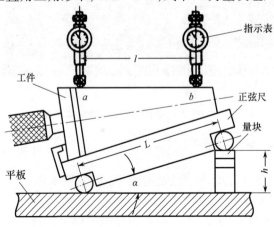

图 3-69 正弦规测量

称角度算得。根据测微仪在两端的示值之差可求得被测角度的误差。正弦规一般用于测量小于45°的角度,在测量小于30°的角度时,精确度可达3″~5″。

3.3.2 圆弧半径的测量

R规是利用光隙法测量圆弧半径的工具。测量时必须使R规的测量面与工件的圆弧完全紧密地接触,当测量面与工件的圆弧中间没有间隙时,工件的圆弧半径则为此时对应的R规上所表示的数字。检验轴类零件的圆弧曲率半径时,样板要放在径向界面内;检验平面形圆弧曲率半径时,样板应平行与被检截面,不得前后倾倒。R规可分为检查凸形圆弧的凹形样板和检查凹形圆弧的凸形样板两种。R规也成套地组成一组,根据半径范围,常用的有三套,每组由凹形和凸形样板各16片组成,每片样板都是用0.5mm厚的不锈钢板制造的,用R规检查圆弧时,先选择与被检圆弧半径名义尺寸相同的样板,将其靠紧被测圆弧角,要求样板平面与被测圆弧垂直(即样板平面的延长线将通过被测圆弧的圆心),用透光法查看样板与被测圆弧的接触情况,完全不透光为合格;如果有透光现象,则说明被检圆弧角的弧度不符合要求,如图3-70所示。

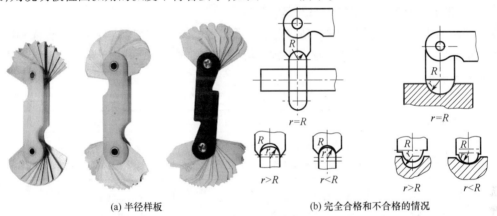

(a) 半径样板   (b) 完全合格和不合格的情况

图3-70 R规测量

3.3.3 零件误差分析

1. 车刀刀尖圆弧半径引起的误差分析

1)加工单段锥体类零件表面

对于单段外锥体零件的加工,由于车刀刀尖圆弧半径的存在,锥体的轴向尺寸、径向尺寸均发生变化,且轴向尺寸的变化量随刀尖圆弧半径的增大而增大,随锥体锥角的增大而增大,径向尺寸随刀尖圆弧半径的增大而减小,随锥体锥角的增大而减小。

2)加工球体类零件表面

对于内球面零件的加工,由于车刀刀尖圆弧半径的存在,使得被加工零件的轴向尺寸发生变化,且轴向尺寸的变化量随刀尖圆弧半径的增大而增大,随球面夹角的增大而增大,同理亦可得加工外球面时轴向尺寸的变化量及其位移长度。

3)加工锥体接球体类零件表面

对于锥体接球体类零件的加工,由于车刀刀尖圆弧半径的存在,使得被加工零件锥体部分轴向尺寸的变化量随刀尖圆弧半径的增大而增大,随锥体锥角的增大而增大;球体部分轴向尺寸的变化量随刀尖圆弧半径的增大而增大,随刀尖零件切点处与轴线间夹角的增大而增大。锥体部分大端的径向尺寸随刀尖圆弧半径的增大而减小,随锥体锥角的增大而减小;球体部分小端径向尺寸随刀尖圆弧半径的增大而增大,随刀尖零件切点处与轴线间夹角的增大而增大。所以加工中应随之变换其位移长度。同理可得加工凹球面、内球面与锥体部分相接时轴向尺寸、径向尺寸的变化量及其位移长度。

4) 误差的消除方法

(1) 编程时,调整刀尖的轨迹,使得圆弧形刀尖实际加工轮廓与理想轮廓相符,通过简单的几何计算,将实际需要的圆弧形刀尖的轨迹换算成假想刀尖的轨迹。

(2) 以刀尖圆弧中心为刀位点的编程步骤如下:通过绘制零件草图,以刀尖圆弧半径及工件尺寸为依据绘制刀尖圆弧运动轨迹,以计算圆弧中心轨迹特征点编程。在这个过程中刀尖圆弧中心轨迹的绘制及其特征点计算略显复杂,如果使用 CAD 软件中等距线的绘制功能和点的坐标查询功能来完成此项操作则十分方便。采用这种方法加工时,应注意检查所使用刀具的刀尖圆弧半径值是否与程序中值相符;对刀时,也要把其值考虑进去。

2. 非车刀刀尖圆弧半径引起的误差分析

非车刀刀尖圆弧半径影响也是产生工件误差的一个主要原因。数控车床锥面和圆弧加工中经常遇到的加工质量问题有多种,其问题现象、产生原因以及预防和消除方法见表 3-24 和表 3-25。

表 3-24 锥面加工误差分析

问题现象	产生原因	预防和消除
锥度不符合要求	(1) 程序错误; (2) 工件装夹不正确	(1) 检查、修改加工程序; (2) 检查工件安装,增加安装刚度
切削过程出现振动	(1) 工件装夹不正确; (2) 刀具安装不正确; (3) 切削参数不正确	(1) 正确安装工件; (2) 正确安装刀具; (3) 编程时合理选择切削参数
锥面径向尺寸不符合要求	(1) 程序错误; (2) 刀具磨损; (3) 没考虑刀尖圆弧半径补偿	(1) 保证编程正确; (2) 及时更换掉磨损大的刀具; (3) 编程时考虑刀具圆弧半径补偿
切削过程出现干涉现象	工件斜度大于刀具后角	(1) 选择正确刀具; (2) 改变切削方式

表 3-25 圆弧加工误差分析

问题现象	产生原因	预防和消除
切削过程出现干涉现象	(1) 刀具参数不正确; (2) 刀具安装不正确	(1) 正确编制程序; (2) 正确安装刀具
圆弧凹凸方向不对	程序不正确	正确编制程序
圆弧尺寸不符合要求	(1) 程序不正确; (2) 刀具磨损; (3) 没考虑刀尖圆弧半径补偿	(1) 正确编制程序; (2) 及时更换刀具; (3) 考虑刀尖圆弧半释补档

思考与练习

1. 编制如图 3-71 所示零件加工工艺,编写零件程序并完成加工,毛坯尺寸 $\phi50 \times 45$,材料 45 钢。

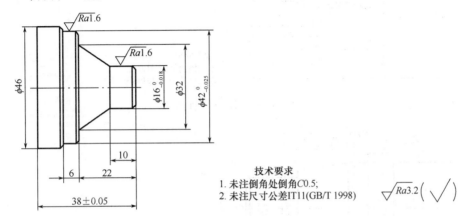

图 3-71 习题 1 零件图

2. 编制如图 3-72 所示零件加工工艺,编写零件程序并完成加工,毛坯尺寸 $\phi45 \times 95$ mm,材料 45 钢。

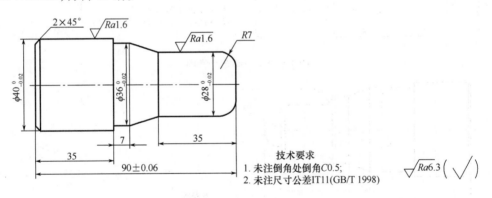

图 3-72 习题 2 零件图

3. 编制如图 3-73 所示零件加工工艺,编写零件程序并完成加工,毛坯尺寸 $\phi50 \times 105$ mm,材料 45 钢。

4. 编制如图 3-74 所示零件加工工艺,编写零件程序并完成加工,毛坯尺寸 $\phi45 \times 95$ mm,材料 45 钢。

5. 编制如图 3-75 所示零件加工工艺,编写零件程序并完成加工,毛坯尺寸 $\phi50 \times 105$ mm,材料 45 钢。

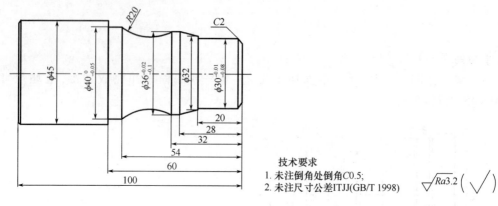

图 3-73 习题 3 零件图

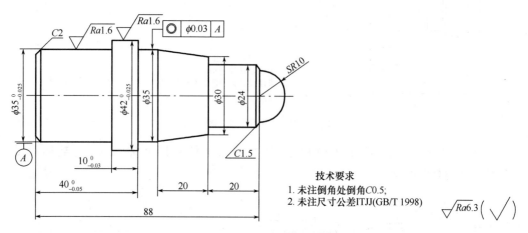

图 3-74 习题 4 零件图

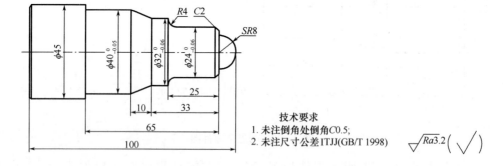

图 3-75 习题 5 零件图

模块四 槽及螺纹轴零件的车削加工

任务描述

完成如图 4-1 所示螺纹轴零件的加工(该零件为小批量生产,毛坯尺寸为 φ45×105,材料为 45 钢)。

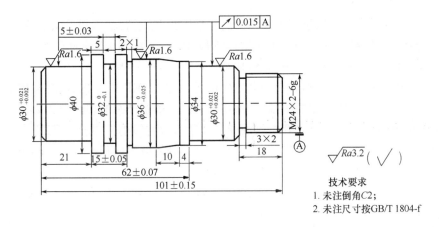

图 4-1 槽及螺纹轴任务图

任务一 槽及螺纹轴零件加工工艺

知识与技能点
- 了解数控车床车削螺纹的方法及螺纹参数的计算知识;
- 掌握螺纹加工的进刀方式;
- 能合理选择螺纹加工的切削参数;
- 能合理选择切槽加工的切削参数。

1.1 槽加工工艺

在工件表面上车沟槽的方法称为切槽,切槽加工是数控车床加工的一个重要组成部分。工业领域中使用有各种各样的槽,主要有工艺凹槽及油槽等,也有凹槽作为带传动电动机的滑轮(如 V 形槽)或用于填充密封橡胶的环槽等。常见沟槽按加工位置分外槽、内槽和端面槽,如图 4-2 所示。

槽的种类很多,考虑其加工特点,可分为单槽、多槽、宽槽、深槽及异型槽,但加工时可能会遇到几种形式的叠加,如单槽同时也是深槽或宽槽。

槽加工工艺的确定要服从于整个零件的加工需要,同时还要考虑到槽加工的特点。

(a) 外槽　　　　　　　　(b) 内槽　　　　　　　　(c) 端面槽

图 4-2　槽的类型

下面分析切槽加工工艺。

1.1.1　切槽加工的特点

（1）切削变形大。切槽过程中切槽刀的主切削刃和左、右副切削刃同时参与切削，切屑排出时会受到槽两侧的摩擦、挤压作用，且随着切削的深入切槽处直径逐渐减小，切削速度逐渐降低，挤压现象更为严重，以致切削变形大。

（2）切削力大。由于切槽过程中会发生切屑与刀具、工件的摩擦，同时被切金属的塑性变形大，所以在切削用量相同的条件下，切削力比一般车外圆的切削力大 2%～5%。

（3）切削热比较集中。切槽时，塑性变形比较大，摩擦剧烈，故产生切削热也多。另外，切槽刀处于半封闭状态下工作，同时刀具切削部分的散热面积小，切削温度较高，使切削热集中在刀具切削刃上，因此会加剧刀具的磨损。

（4）刀具刚性差。通常切槽刀主切削刃宽度较窄（一般为 2～6mm），刀头狭长，所以刀具刚性差，切槽过程中容易产生振动。

（5）排屑困难。由于切槽时切屑是在狭窄的槽内排出，会受到槽壁摩擦阻力的影响，因此切屑排出比较困难；并且断碎的切屑还可能卡塞在槽内，引起振动和损坏刀具。所以切槽时要使切屑按一定的方向卷曲，使其顺利排出。

1.1.2　切槽刀的材料及几何角度

切槽刀常用的材料有高速钢和硬质合金，高速钢切槽刀刃磨比较方便，容易得到锋利的刀刃，而且韧性较好，刀尖不易爆裂。它的缺点是高温下容易磨损，一般用来加工塑性材料工件。硬质合金切槽刀耐磨和耐高温性能比较好，一般用来加工脆性材料工件，高速钢切槽刀和硬质合金切槽刀，如图 4-3 所示。

(a) 硬质合金切槽刀　　　　　　(b) 高速钢切槽刀

图 4-3　切槽刀的材料

高速钢切槽刀的几何形状和角度如图 4-4 所示。

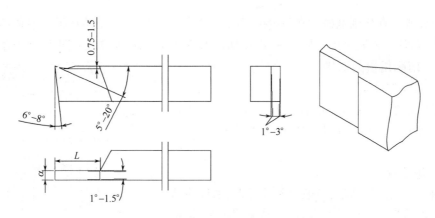

图 4-4　高速钢切槽刀的几何形状和角度

前角：一般取 $\gamma_0 = 5° \sim 20°$。

主后角：切削塑性材料时取大些，切断脆性材料时取小些，一般取 $\alpha_0 = 6° \sim 8°$。

副后角：其作用是减少副后刀面与工件已加工表面的摩擦，一般取 $\alpha_1 = 1° \sim 3°$。

主偏角：一般取 $Kr = 90°$。

副偏角：切槽刀的两个副偏角必须对称，其作用是减少副切削刃和工件的摩擦，为了不削弱刀头强度，一般取 $Kr' = 1° \sim 1.5°$。

切槽刀刀头部分长度 = 槽深 + (2~3) mm，刀宽根据加工工件槽宽的要求来选择。

1.1.3　切槽刀的进刀方式

1. 简单槽的加工

对于宽度、深度值不大，且精度要求不高的简单槽，可采用与槽等宽的刀具直接切入一次成型的方法加工，如图4-5所示。刀具切入到槽底后可利用延时指令使刀具短暂停留，以修整槽底圆度，退出过程中可采用工进速度。

2. 深槽的加工

对于宽度值不大，但深度值较大的深槽零件，为了避免切槽过程中由于排屑不畅，使刀具前部压力过大出现扎刀和折断刀具的现象，应采用分次进刀的方式，刀具在切入工件一定深度后，停止进刀并回退一段距离，达到断屑和退屑的目的，如图4-6所示。同时注意尽量选择强度较高的刀具。

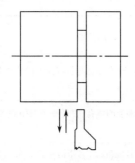　　　　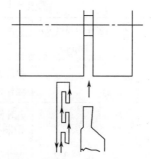

图 4-5　简单槽的加工方式　　　　图 4-6　深槽的加工方式

3. 宽槽的加工

通常把大于一个切刀宽度的槽称为宽槽，宽槽的宽度、深度的精度要求及表面质量要求相对较高。在切削宽槽时常采用排刀的方式进行粗切,然后用精切槽刀沿槽的一侧切至槽底,精加工槽底至槽的另一侧,沿侧面退出,宽槽加工切削方式如图4-7所示。

1.1.4 切削用量的选择

1. 背吃刀量 a_p

横向切削时,切槽刀的背吃刀量等于刀的主切削刃宽度($a_p = a$),所以只需确定切削速度和进给量。

2. 进给量 f

由于刀具刚性、强度及散热条件较差,所以应适当减少进给量。进给量太大时,容易使刀折断;进给量太小时,刀后面与工件产生强烈摩擦会引起振动。具体数值根据工件和刀具材料来决定。一般用高速钢刀加工钢料时,$f = 0.05 \sim 0.1$ mm/r;加工铸铁时,$f = 0.1 \sim 0.2$ mm/r。用硬质合金刀加工钢料时,$f = 0.1 \sim 0.2$ mm/r;加工铸铁料时,$f = 0.15 \sim 0.25$ mm/r。

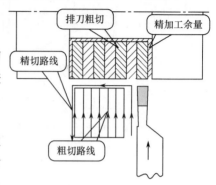

图4-7 宽槽加工切削方式

3. 切削速度 V_C

切槽时的实际切削速度随刀具切入越来越低,因此切槽时的切削速度可选得高些。用高速钢刀加工钢料时,$V_C = 30 \sim 40$ m/min;加工铸铁时,$V_C = 15 \sim 25$ m/min。用硬质合金刀加工钢料时,$V_C = 80 \sim 120$ m/min;加工铸铁时,$V_C = 60 \sim 100$ m/min。

1.2 螺纹车削加工工艺

利用数控车床加工螺纹时,其螺距的大小和精度由数控系统控制,从而简化了计算,不用手动更换挂轮,并且螺距精度高且不会出现乱扣现象,螺纹切削回程期车刀快速移动,切削效率大幅提高,专用数控螺纹切削刀具、较高切削速度的选择又进一步提高了螺纹的形状和表面质量。

1.2.1 螺纹的常见加工方法

螺纹的加工方法有很多,如攻丝、套扣、车削、铣削、滚压及磨削等(表4-1),在实际应用中要根据要求和条件合理选择各种加工方法和加工顺序。

表4-1 螺纹的常见加工方法

加工方法	公差等级	表面粗糙度 Ra /μm	适用范围
车削螺纹	9~4	3.2~0.8	单件小批量生产,加工轴、盘、套类零件与轴线同心的内外螺纹以及传动丝杠和蜗杆等
攻丝	8~6	6.3~1.6	各种批量生产,加工各种零件上的螺孔,直径小于 M16 的常用手动,大于 M16 或大批量生产用机动
铣削螺纹	9~6	6.3~3.2	大批大量生产,传动丝杠和蜗杆的粗加工和半精加工,也可加工普通螺纹
搓丝	7~5	1.6~0.8	大批大量生产,滚压塑料材料的外螺纹,也可滚压传动丝杠
滚丝	5~3	0.8~0.2	
磨削螺纹	4~3	0.8~0.1	各种批量的高精度、淬硬和不淬硬的外螺纹及直径大于 30mm 的内螺纹

1.2.2 螺纹的常用牙型

在沿螺纹轴线剖切的截面内,螺纹牙型两侧边的夹角称为螺纹的牙型。螺纹的牙型有三角形、梯形、锯齿形、矩形等。实际工作中常用螺纹的牙型如图4-8所示。

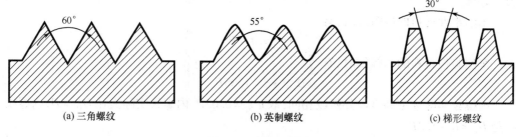

图4-8 螺纹的牙型

牙型角 α 指在螺纹牙型上相邻两牙侧间的夹角。普通三角螺纹的牙型角为60°,英制螺纹牙型角为55°,梯形螺纹牙型角为30°。

1.2.3 普通螺纹的参数

普通螺纹是机械零件中应用最广泛的一种三角形螺纹,牙型角为60°,其基本尺寸如图4-9所示。

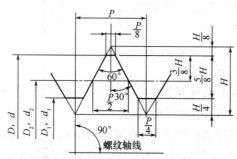

图4-9 三角螺纹的理论牙型角

图4-9中,d 或 D 为公称直径,指螺纹大径的基本尺寸。螺纹大径(d 或 D)也称外螺纹顶径或内螺纹底径;d_1 或 D_1 为螺纹小径,也称外螺纹底径或内螺纹顶径;d_2 或 D_2 为螺纹中径,是一个假想圆柱的直径。该圆柱剖切面牙型的沟槽和凸起宽度相等,同规格的外螺纹中径 d_2 和内螺纹中径 D_2 公称尺寸相等;P 为螺距,是螺纹上相邻两牙在中径上对应点间的轴向距离;H 为螺纹三角形的高度。

1.2.4 普通螺纹的数据计算

1. 螺纹加工的数据处理

1) 外螺纹圆柱面直径及螺纹实际小径的确定

车削外螺纹时,需要计算实际车削时的外圆柱面的直径 $d_{计}$ 与螺纹实际小径 $d_{1计}$。

(1) 高速车削三角螺纹时,零件材料由于受车刀挤压而使外径胀大,因此螺纹部分零件的实际外径应比螺纹的公称直径小0.2~0.4mm。一般取 $d_{计} = d - 0.1P$。

(2) 在实际生产中,为计算方便,一般取螺纹实际牙型高度 $h_{1实} = 0.6495P$,常取 $h_{1实} = 0.65P$,螺纹实际小径 $d_{1计} = d - 2h_{1实} = d - 1.3P$。

2) 内螺纹的底孔直径 $D_{1计}$ 及内螺纹实际大径 $D_{计}$ 的确定

(1) 由于车刀切削时的挤压作用,将使内孔直径缩小,所以车削内螺纹的底孔直径应大于螺纹小径。在实际生产中,普通螺纹在车削内螺纹前的孔径尺寸 $D_{1计}$ 可用下列近似公式计算。

车削塑性材料的内螺纹时,有

$$D_{1计} = d - P$$

车削脆性材料的内螺纹时,有

$$D_{1计} \approx d - 1.05P$$

内螺纹实际牙型高度与外螺纹相同,取 $h_{1实} = 0.65P$,内螺纹实际大径 $D_{计} = D$,内螺纹小径 $D_1 = D - 1.3P$。

3) 螺纹轴向起点与终点的确定

由于伺服系统的滞后,在螺纹切削的开始及结束部分,螺纹导程会出现不规则现象。为了考虑这部分的螺纹精度,数控车床上切削螺纹时必须设置升速进刀段 δ_1 和降速退刀段 δ_2,如图 4-10 所示,δ_1、δ_2 的数值与螺纹的螺距和螺纹的精度有关。实际生产中,螺距大和精度高的螺纹 δ_1 取大值,一般取 2~5mm;δ_2 值不得大于退刀槽宽度,一般取退刀槽宽度的 1/2 左右,取值范围在 1~3mm;如果螺纹收尾处没有退刀槽,收尾处的形状与数控系统有关,一般按 45°退刀收尾。

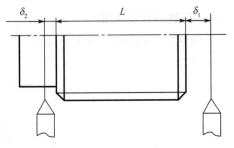

图 4-10 车螺纹时的进刀与退刀

1.2.5 螺纹车刀的材料及几何角度

螺纹车刀的材料一般有高速钢和硬质合金两种。高速钢螺纹车刀刃磨比较方便,容易得到锋利的刀刃,而且韧性较好,刀尖不易爆裂,因此常用于塑性材料工件螺纹的粗加工。它的缺点是高温下容易磨损,不能用于高速车削。硬质合金螺纹车刀耐磨和耐高温性能比较好,一般用来加工脆性材料工件螺纹和高速切削塑性材料工件螺纹以及批量较大的小螺距($P<4$)螺纹。图 4-11 所示为螺纹车刀的实物图。

(a) 高速钢螺纹车刀

(b) 硬质合金螺纹车刀

图 4-11 螺纹车刀

螺纹车刀属于成型车刀,车刀的刀尖角一定等于螺纹的牙形角,三角形螺纹牙型角 $\alpha = 60°$,其前角 $\gamma_0 = 0°$,以保证工件螺纹的牙型角,否则牙型角将产生误差。只有在粗加工或螺纹精度要求不高时,为提高切削性能,其前角才可取 $\gamma_0 = 5° \sim 20°$。三角外螺纹车刀的几何角度如图4-12所示。

对于其他牙型的螺纹刀具,可根据需要到刀具生产厂家订做或自制,刀具材料和几何角度应满足粗、精加工,工件材料,切削环境等方面的要求。刀具的几何形状与角度要考虑牙型和螺旋升角的影响。

1.2.6 螺纹车削切削用量的选择

1. 主轴转速 n

在数控车床上加工螺纹,主轴转速受数控系统、螺纹导程和尺寸精度、刀具、零件材料等多种因素影响。而且不同的数控系统,推荐的主轴转速范围也不相同,操作者应在认真阅读说明书后,根据实际加工情况选用合适的主轴转速。多数普通数控车床车削螺纹时,主轴转速用下式计算,即

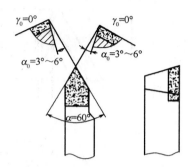

图4-12 三角外螺纹车刀几何角度

$$n \leqslant \frac{1200}{P} - k$$

式中:P 为被加工螺纹的螺距(mm);k 为保险系数,一般取为80;n 为主轴转速(r/min)。

例4.1 加工 M30×2 普通外螺纹时,主轴转速为

$$n \leqslant (1200/P) - k = (1200/2) - 80 = 520 \text{r/min}$$

再根据零件材料、刀具、加工精度等因素,建议取 $n = 400 \sim 500$ r/min。

注意:螺纹加工时主轴转速不能选择恒线速加工,因为在加工中,随着背吃刀量的变化,转速也将发生变化,会导致螺纹乱扣。

2. 背吃刀量 a_p 的确定

1)进刀方法的选择

螺纹加工常见的进刀方法有直进法、左右切削法、斜进法切削三种,但在数控车床上加工螺纹时,一般选择直进刀法、斜进刀法。当螺距 $P < 3$mm 时,宜采用直进法,如图4-13(a)所示;当螺距 $p \geqslant 3$mm 时,则采用斜进法,如图4-13(b)所示。

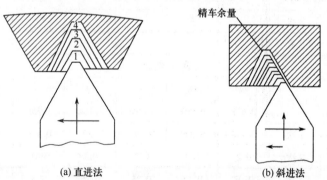

(a) 直进法　　　　(b) 斜进法

图4-13 螺纹加工的进刀方法

2)背吃刀量的选用及分配

加工螺纹时,单边切削总深度等于螺纹实际牙型高度时,一般取 $h_{1实} = 0.65P$。当螺纹牙型深度较深、螺距较大时,可分数次进给。切深的分配方式有常量式和递减式,如图4-14所示。常用螺纹加工切削次数与背吃刀量见表4-2。

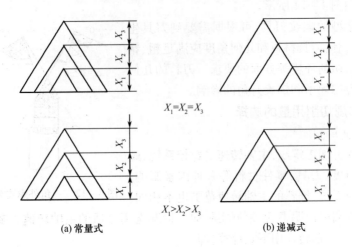

图 4-14 螺纹切削切深分配方式

表 4-2 普通螺纹切削切削次数和背吃刀量

公 制 螺 纹								
螺距/mm		1	1.5	2.0	2.5	3	3.5	4
牙深/μm		0.649	0.974	1.299	1.624	1.949	2.273	2.598
背吃刀量 (直径值)/mm 及切削次数	1 次	0.7	0.8	0.9	1.0	1.2	1.5	1.5
	2 次	0.4	0.6	0.6	0.7	0.7	0.7	0.8
	3 次	0.2	0.4	0.6	0.6	0.6	0.6	0.6
	4 次		0.16	0.4	0.4	0.4	0.6	0.6
	5 次			0.1	0.4	0.4	0.4	0.4
	6 次				0.15	0.4	0.4	0.4
	7 次					0.2	0.2	0.4
	8 次						0.15	0.3
	9 次							0.2
英 制 螺 纹								
牙/in		24	18	16	14	12	10	8
牙深/μm		0.678	0.904	1.016	1.162	1.355	1.626	2.033
背吃刀量 (直径值)/mm 及切削次数	1 次	0.398	0.399	0.396	0.397	0.450	0.496	0.598
	2 次	0.2	0.3	0.3	0.3	0.3	0.35	0.35
	3 次	0.08	0.15	0.25	0.25	0.3	0.3	0.3
	4 次		0.055	0.07	0.15	0.2	0.2	0.25
	5 次				0.065	0.105	0.2	0.25
	6 次						0.08	0.2
	7 次							0.085

3）进给量 f

单线螺纹的进给量等于螺距，即 $f = P$（P 为螺距）；多线螺纹的进给量等于导程，即 $f = L$（L 为导程）。

在数控车床加工工双线螺纹时，进给量为一个导程，常用的方法是车削第一条螺纹后，轴向移动一个螺距（用 G01 指令），再加工第二条螺纹。

1.3 槽及螺纹轴零件工艺制定

1.3.1 零件图工艺分析

1. 加工内容及技术要求

该零件主要加工要素为 $\phi 30^{+0.021}_{+0.002}$ 的外圆 2 处、$\phi 36^{\ 0}_{-0.025}$ 的外圆 1 处，$\phi 34 \sim \phi 36$ 的锥面，2×1、3×2 及 $5 \times \phi 32$ 的外槽，$M24 \times 2$ 普通外螺纹，并保证总长为 101。

零件尺寸标注完整、无误，轮廓描述清晰，技术要求清楚明了。

零件毛坯为 $\phi 45 \times 105$ 的 45 钢，切削加工性能较好，无热处理要求。

未注倒角按 $C2$ 加工，未注尺寸按 GB/T 1804 – f。

2. 零件加工要求

（1）零件的尺寸公差分析：根据图 4 – 1 可知该零件左右两端 $\phi 30$ 的外圆尺寸公差为上偏差 + 0.021，下偏差 + 0.002；$\phi 36$ 的外圆尺寸公差为上偏差 0，下偏差 – 0.025；$5 \times \phi 32$ 槽直径方向的尺寸精度为上偏差 0，下偏差 – 0.1；长 62 的尺寸公差为上偏差 + 0.07，下偏差 – 0.07；长 15 的尺寸公差为上偏差 + 0.05，下偏差 – 0.05。总长 101 的尺寸公差为上偏差 + 0.15，下偏差 – 0.15。螺纹精度要求为 $M24 \times 2$ – $6g$。

（2）零件的形位公差分析：两处 $\phi 30$ 的外圆及 $\phi 36$ 的外圆相对于 M24 螺纹轴中心线的圆跳动公差为 0.015。

（3）零件表面粗糙度分析：表面粗糙度是保证零件表面微观精度的重要要求，也是合理选则机床、刀具和确定切削用量的依据。从零件图样可知，左右两端 $\phi 30$ 的外圆及 $\phi 36$ 的外圆表面粗糙度要求为 $Ra1.6$。其余表面质量要求 $Ra3.2$。

3. 加工方法

由于 $\phi 30^{+0.021}_{+0.002} \times 20$ 的外圆、$\phi 36^{\ 0}_{-0.025}$ 的外圆表面质量要求较高，拟采用粗车→精车的方法进行加工；$5 \times \phi 32$ 槽直径方向与长度方向都有尺寸精度要求，拟采用粗车→精车的方法进行加工。

1.3.2 机床选择

根据零件的结构特点、加工要求及现有设备情况，数控车床选用配备有 FANUC – 0i 系统的 CAK6140VA 或华中世纪星系统 CAK6140VA。其主要技术参数见表 1 – 2。

1.3.3 装夹方案的确定

根据工艺分析，该零件在数控车床上装夹采用三爪卡盘。装夹方法如图 4 – 15、图 4 – 16 所示，先以毛坯左端面为粗基准加工右端面，再调头以右端面 $\phi 30$ 外圆为精基准加工左端。

1.3.4 工艺过程卡片制定

根据以上分析，制定零件加工工艺过程卡见表 4 – 3。

表 4-3 零件机械加工工艺过程卡

(工厂)	机械工艺过程卡				产品型号		零件图号			共 1 页	第 1 页
					$\phi45\times105$		1				
材料牌号	毛坯种类	棒料	毛坯外形尺寸		产品名称		零件名称				
45 钢							螺纹轴				
					车间	工段	每台件数	每毛坯可制件数	设备	工艺装备	工时/min
											准终 / 单件
工序号	工序名称	工序内容									
1	备料	备 $\phi45\times105$ 的 45 钢棒料							锯床		
2	数车	平右端面,粗、精车右端 $\phi30^{+0.021}_{+0.002}\times19$、$\phi36^{0}_{-0.025}\times10$ 外圆、$\phi34\sim\phi36$ 的锥面,C2 倒角至图纸精度要求,切外沟槽 3×2 及 2×1,加工 M24×2-6g 外螺纹至图纸精度要求							CAK6140VA	三爪卡盘	
		调头平端面并保证总长 101,粗、精车 $\phi40\times24$、$\phi30^{+0.021}_{+0.002}\times21$ 的外圆,C2 倒角至图纸精度要求,切外沟槽 $\phi32^{0}_{-0.1}\times5\pm0.03$ 至图纸精度要求										
3	钳工	去毛刺									
4	检验	按图样检查零件尺寸及精度									
5	入库	油封、入库									
									设计(日期)	审核(日期)	标准化(日期)	会签(日期)
标记	处数	更改文件号	签字	日期	标记	处数	更改文件号	签字	日期		

描图

描校

底图号

装订号

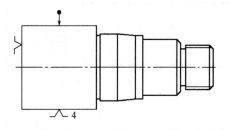
图 4-15 右端加工装夹简图

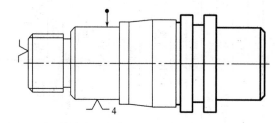
图 4-16 左端加工装夹简图

1.3.5 加工顺序的确定

加工时,先平右端面,粗、精车右端 $\phi30^{+0.021}_{+0.002}\times19$、$\phi36^{0}_{-0.025}\times10$ 外圆、$\phi34\sim\phi36$ 的锥面、$M24\times2$ 外圆柱面直径、$C2$ 倒角至图纸精度要求,切外槽 3×2 及 2×1、加工 $M24\times2-6g$ 外螺纹。再调头平左端面保证总长,粗、精车左端 $\phi40\times24\pm0.05$、$\phi30^{+0.021}_{+0.002}\times21$ 的外圆,$C2$ 倒角至图纸精度要求,切外槽 $\phi32\times8$ 至图纸精度要求。

1.3.6 刀具与量具的确定

根据零件加工要素选用合适的刀具,具体刀具型号见表 4-4。该零件测量要素类型较多,需选用多种量具,具体量具型号见表 4-5。

表 4-4 数控加工刀具卡片

产品名称或代号			零件名称	螺纹轴	零件图号		备注
工步号	刀具号	刀具名称	刀具规格			刀具材料	
1/2/5/6	T01	外圆车刀	93°			硬质合金	
3	T02	切槽刀	刀宽2mm			高速钢	
4	T03	外螺纹车刀	60°			硬质合金	
7/8	T04	切槽刀	刀宽4mm			高速钢	
编制		审核		批准		共 页	第 页

表 4-5 数控加工量具卡片

产品名称或代号		零件名称		零件图号	
序号	量具名称		量具规格	精度	数量
1	游标卡尺		0~150mm	0.02mm	1把
2	钢板尺		0~125mm	0.5 mm	1把
3	外径千分尺		25~50mm	0.01 mm	1把
4	螺纹环规		M24×1.5-6g		1套
5	螺纹塞规		M24×1.5-6G		1套
6					
编制		审核		批准	共 页 第 页

1.3.7 数控车削加工工序卡片

制定零件数控车削加工工序卡见表 4-6、表 4-7。

表 4-6 零件数控车削加工工序卡 1

(工厂)	数控加工工序卡		产品型号		零件图号			共 2 页	第 1 页
			产品名称		零件名称	螺纹轴			
			车间	数控车间	工序号	2	工序名称	数车	材料牌号 45 钢
			毛坯种类	棒料	毛坯外形尺寸	φ45×105	每毛坯可制件数		同时加工件数 1
			设备名称	数控车床	设备型号	CAK6140VA	设备编号		
			夹具编号		夹具名称		三爪卡盘	切削液	
			工位器具编号		工位器具名称			工序工时 准终 | 单件	
工步号	工步名称	工艺装备		主轴转速 /(r/min)	切削速度 /(m/min)	进给量 /(mm/r)	背吃刀量 /mm	进给次数	
1	按图夹持毛坯,平右端面,粗车右端 φ36$_{-0.025}^{0}$×10 外圆、φ34～φ36 的锥面,Z 轴方向留 0.1 余量	93°外圆车刀		800	140	0.2	1.5		
2	精车右端 φ30$_{+0.002}^{+0.021}$×19、φ36$_{-0.025}^{0}$×10 外圆,φ34～φ36 的锥面,C2 倒角至图纸精度要求	93°外圆车刀		1200	200	0.15	0.25		
3	切 3×2 及 2×1 的外沟槽至图纸精度要求	宽 2mm 的切槽刀		300	30	0.05	/		
4	车 M24×2-6g 外螺纹至图纸精度要求	60°螺纹车刀		600	40	1.5	600		
						设计 (日期)	审核 (日期)	标准化 (日期)	会签 (日期)
标记	处数	更改 文件号	签字	日期	标记	处数	更改文件号	签字	日期
描图									
描校									
底图号									
装订号									

模块四 槽及螺纹轴零件的车削加工

表 4-7 零件数控车削加工工序卡 2

(工厂)	数控加工工序卡		产品型号		零件图号			共 2 页	第 1 页
			产品名称		零件名称	螺纹轴			
			车间	数控车间	工序号	2		材料牌号	45 钢
			数控种类		毛坯外形尺寸	φ45×105		每台件数	
			毛坯种类	棒料	每毛坯可制件数	1		同时加工件数	
			设备名称	数控车床	设备型号	CAK6140VA	设备编号		切削液	
					夹具名称	三爪卡盘	夹具编号		工序工时	
					工位器具名称		工位器具编号		准终	单件
工步号	工步名称	工艺装备	主轴转速 /(r/min)	切削速度 /(m/min)	进给量 /(mm/r)	背吃刀量 /mm	进给次数		工时	
									机动	单件
5	调头夹 φ30 外圆,平端面并保证总长 101。粗车 φ40×24±0.05、φ30$_{+0.002}^{+0.021}$×21 的外圆,C2 倒角,X 轴方向留 0.5 余量,Z 轴方向留 0.1 余量	93°外圆车刀	800	140	0.2	1.5				
6	精车 φ40×24、φ30$_{+0.002}^{+0.021}$×21 的外圆,C2 倒角至图纸精度要求	93°外圆车刀	1200	200	0.15	0.25				
7	粗车 φ32$_{-0.1}^{0}$×5 外沟槽,X 轴方向,Z 轴方向留 0.1 余量	刃宽 4mm 外切槽刀	300	30	0.05	/				
8	精车 φ32$_{-0.1}^{0}$×5 外沟槽至图纸精度要求	刃宽 4mm 外切槽刀	300	30	0.05	/				
					设计 (日期)	审核 (日期)	标准化 (日期)		会签 (日期)	
标记	处数	更改文件号	签字	日期	标记	处数	更改文件号	签字	日期	
描图										
描校										
底图号										
装订号										

任务二 槽及螺纹轴零件的编程

知识与技能点
- 掌握螺纹常用的加工指令；
- 零握内、外螺纹的编程方法；
- 掌握内、外沟槽的编程方法。

2.1 FANUC 系统编程指令

2.1.1 槽的编程

1. 切刀刀位点

切槽及切断选用切刀,两刀尖及切削中心处有三个刀位点,如图 4-17 所示。在编制加工程序时,要采用其中之一作为刀位点,一般选用刀位点 1。

2. 暂停指令 G04

1) 指令功能

可使刀具作短时间的无进给光整加工,用于切槽、台阶端面等需要刀具在加工表面作短暂停留的场合。

2) 编程格式

G04 X/P;

X:暂停时间,单位为 s;

P:暂停时间,单位为 ms。

3) 指令说明

G04 在前一程序段的进给速度降到零之后才开始暂停动作;在执行含 G04 指令的程序段时,先执行暂停功能;G04 为非模态指令,仅在其被指定的程序段中有效;G04 可使刀具作短暂停留,以获得圆整光滑的表面。

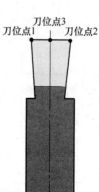

图 4-17 切槽刀刀位点

例 4.2 G04 X1.0; 暂停 1s

G04 P1000; 暂停 1s

3. 径向切槽循环 G75

1) 指令功能

主要用于加工径向环形槽、宽槽。径向断续切削起到断屑、及时排屑的作用。配备动力刀具时,可用来钻孔。

2) 编程格式

G75 R(e);

G75 X(U) Z(W) P(Δi)Q(Δk)R(Δd)F(f);

e:分层切削每次退刀量,其值为模态值;

U:X 向终点坐标值;

W:Z 向终点坐标值;

Δi:X 向每次的切入量,用不带符号的半径值表示;

Δk:Z 向每次的移动量；

Δd:切削到终点时的退刀量,可默认；

f:进给速度。

3) 指令说明

如图 4-18 所示为 G75 循环进给路线,其进刀方向由切削终点 X(U)、Z(W) 与起点的相对位置决定,执行该指令时,刀具从起点径向进给 Δi、回退 e、再进给 Δi,直至切削到与切削终点 X 轴坐标相同的位置,然后轴向退刀 Δd、径向回退至与起点 X 轴坐标相同的位置,完成一次径向切削循环;轴向再次进刀 Δk 后,进行下一次径向切削循环;切削到切削终点后,返回起点,完成循环加工。

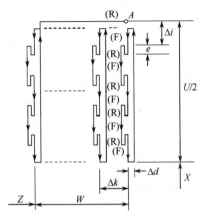

图 4-18 G75 切削循环路线

注意事项：

(1) 程序段中的 Δi、Δk 值在 FANUC 系统中不能输入小数点,而直接输入最小编程单位。如:P1500 表示径向每次切入量为 1.5mm。

(2) 退刀量 e 值要小于每次切入量 Δi。

(3) 宽槽加工时 Z 向每次的移动量应小于切槽刀刀宽值,否则会出现切削不完全现象。

(4) 循环起点 X 坐标应略大于毛坯外径,Z 坐标(加上切槽刀刀宽值)应与槽平齐。

4. 编程举例

1) 窄槽的编程

对于比较窄的槽,一般选用刀宽等于槽宽的切槽刀,刀具快速移动至起始位置并进给运动至槽底,然后快速退刀至起始位置,窄槽的走刀路线如图 4-19 所示。

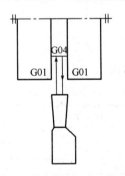

图 4-19 窄槽的走刀路线

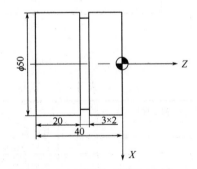

图 4-20 窄槽零件图

例 4.3 加工如图 4-20 所示 3×2 的槽,选用与槽等宽的 3mm 切槽刀,坐标系选在工件右端面中心,切槽刀左刀尖为刀位点,窄槽零件加工程序与说明见表 4-8。

2) 宽槽的编程

加工宽槽要分多次进刀,在宽度上的车削轨迹应有重叠,槽底和两侧要留精加工余量,最后后精车槽侧和槽底,可以采用图 4-7 所示的走刀路线。

表 4-8 窄槽零件加工程序与说明

程　序	程　序　说　明
O0001;	程序名
T0101;	设立坐标系,选 1 号刀,1 号刀补
M03 S300;	主轴正转,转速 300r/min
G00 X100.0 Z100.0;	快速定位点
X55.0 Z5.0;	快速到达切削起点
Z-20.0;	定位槽 Z 向坐标点
G01 X46.0 F0.1;	切至槽底,进给速度 0.1mm/r
G04 X1.0;	延时 1s 修整槽底
G01 X55.0 F0.2;	退刀
G00 Z5.0;	快速退回切削起点
G00 X100.0 Z200.0;	退刀至安全位置
M05;	主轴停转
M30;	程序结束

例 4.4 如图 4-21 所示的零件,加工一个较宽且有一定深度的槽,选用刀宽为 4mm 的切槽刀,坐标系选在工件右端面中心,切槽刀左刀尖为刀位点。宽槽零件加工程序与说明见表 4-9。

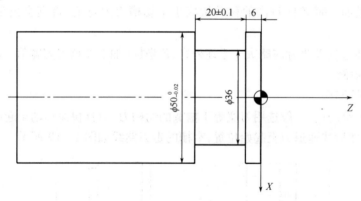

图 4-21 宽槽零件图

表 4-9 宽槽零件加工程序与说明

程　序	程　序　说　明
O0002;	程序名
T0101;	设立坐标系,选 1 号刀,1 号刀补
M03 S400;	主轴正转,转速 400r/min
G00 X100.0 Z100.0;	快速定位点
X55.0 Z-10.0;	定位宽槽 Z 向起刀点(加上刀宽 4 mm)
G75 R2; G75 X36.0 Z-26.0 P3000 Q3000 F0.1;	切槽循环,车槽回退 2 mm,每次切削 3mm,Z 向移动 3mm,进给速度 0.1mm/r
G01 X60.0 F0.2;	X 轴退刀
G00 X100.0 Z100.0;	快速退刀至安全位置
M05;	主轴停转
M30;	程序结束

2.1.2 螺纹的编程

数控系统不同,螺纹加工指令也有差异。FANUC 系统中,螺纹车削指令为基本螺纹车削指令 G32、螺纹车削固定循环指令 G92、螺纹车削复合循环指令 G76。

1. 单行程螺纹车削指令 G32

(1) 指令功能:G32 指令可以执行单行程螺纹切削。

(2) 编程格式:

G32 X(U)_ Z(W)_ F_;

XZ:螺纹终点坐标值(绝对坐标值);

UW:螺纹终点坐标相对于循环起始点的增量坐标值(相对坐标值);

F:螺纹导程。

(3) 指令说明:如图 4-22 所示 G32 螺纹加工路线,刀具从起点以每转进给一个导程的进给速度切削到终点,螺纹车刀的切入、切出、返回均需用 G01 或 G00 编写程序控制。螺纹加工通常不能一次成型,需要多次进刀,且每次进刀量是递减的,G32 指令没有自动递减功能,必须由用户编程给定。

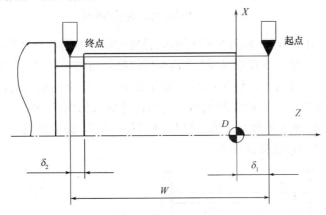

图 4-22 G32 螺纹加工路线

注意事项:

(1) 圆锥螺纹在 X 方向或者 Z 方向有不同导程,程序中的导程 F 的取值以两者较大的为准,即当加工螺纹锥角 $\alpha \leqslant 45°$ 时,程序中的导程 F 的值以 Z 方向导程指定;当 $\alpha > 45°$ 以 X 方向导程指定;若 $\alpha = 0°$,则为圆柱螺纹。

(2) 从螺纹粗加工到精加工,主轴的转速必须保持一常数。

(3) 在没有停止主轴的情况下,停止螺纹的切削将非常危险;因此螺纹切削时进给保持功能无效,如果按下进给保持按键,刀具在加工完螺纹后停止运动。

2. 螺纹车削单一固定循环指令(G92)

(1) 指令功能:G92 适用于对直螺纹和锥螺纹进行循环切削,每指定一次,螺纹切削自动进行一次循环。

(2) 编程格式:

G92 X(U)_Z(W)_R_F_;

XZ:螺纹终点坐标值(绝对坐标值);

UW:螺纹终点坐标相对于循环起始点的增量坐标值(相对坐标值);

R:圆锥面切削起点相对于终点的半径差值(切削圆柱螺纹 $R=0$,R 省略);

F:螺纹导程。

(3) 指令说明:

① 直线螺纹切削循环。如图 4-23 所示,直线螺纹切削循环路线可分为 4 步动作:1(从循环起点 A 沿 X 向快速移动到螺纹切削起点)→2(沿 Z 向切削到螺纹终点 A')→3(X 向快速退刀)→4(Z 向快速返回循环起点 A)。

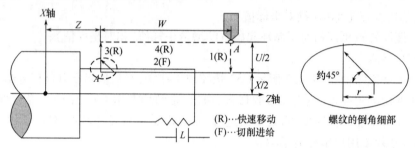

图 4-23 直线螺纹切削循环路线

② 锥度螺纹切削循环。如图 4-24 所示,锥度螺纹切削循环与直线螺纹切削循环有相同的 4 个动作。在增量编程中,U 和 W 地址后的数值的符号取决于轨迹 1 和轨迹 2 的方向。如果轨迹 1 的方向沿 X 轴是负的,U 值也是负的。由于伺服系统的迟延,倒角的开始部分小于等于 45°,可进行螺纹的倒角。是否进行螺纹的倒角,随机床端的信号而定。将导程设定为 L 时,螺纹的倒角 r 值,可以在 $0.1L \sim 12.7L$ 的范围内,以 $0.1L$ 为增量单位,通过参数(No.5130)选择任意值。

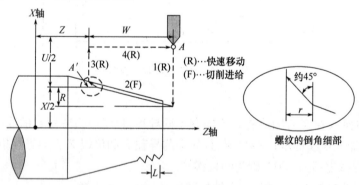

图 4-24 锥度螺纹切削循环路线

3. 螺纹切削复合循环指令 G76

(1) 指令功能:用于多次自动循环切削螺纹,设置好切削参数后可自动完成螺纹加工。G76 编程时采用斜进分层法进刀,吃刀量逐渐减少,可避免扎刀,提高了螺纹精度,常用于无退刀槽螺纹、梯形螺纹的加工。

(2) 编程格式:

G76 P(m)(r)(a) Q(Δdmin) R(d);

G76 X(u) Z(w) R(i) P(k) Q(Δd) F(L);

m：精加工重复次数 01~99（2 位数字），该值是模态的。此值用参数（No.5142）号设定，由程序指令改变；

r：螺纹倒角量 00~99（2 位数字），当螺距由 L 表示时，可以从 $0.0L$~$9.9L$ 设定，单位为 $0.1L$，该值是模态的，此值可用（No.5130）号参数设定，由程序指令改变；

a：刀尖角度。可以选择 80°、60°、55°、30°、29° 和 0° 6 种中的一种，由 2 位数规定；该值是模态的，可用（No.5143）号参数设定，用程序指令改变；

Δdmin：最小切削深度（半径值），单位为 μm；当一次循环运行切削深度小于 Δd_{min} 时，则取 Δd_{min} 作为切削深度；该值是模态的；可用（No.5140）号参数设定，用程序指令改变；

d：精加工余量，单位为 mm，该值是模态的；可用（No.5141）号参数设定，用程序指令改变；

X：螺纹终点 X 轴的绝对坐标值，单位为 mm；

Z：螺纹终点 Z 轴的绝对坐标值，单位为 mm；

i：螺纹锥度值，单位为 mm，如果 $i=0$，可以进行普通直螺纹切削；

k：螺纹牙深（半径值），一般取 $0.65 \times P$（螺距），单位为 μm；

Δd：第一刀切削深度（半径值），单位为 μm；

L：螺纹导程（同 G32），单位为 mm。

（3）指令说明：如图 4-25 所示 G76 螺纹切削循环进给路线，采用斜进分层式，由于单侧刀刃切削工件时刀刃容易损伤和磨损，使加工的螺纹面不直，刀尖角发生变化，从而影响牙形精度。刀具负载较小，排屑容易，因此，此加工方法一般适用于大螺距低精度螺纹的加工，在螺纹精度要求不高的情况下，此加工方法更为简捷方便。而 G32、G92 螺纹切削循环采用直进式进刀方式，一般多用于小螺距高精度螺纹的加工。

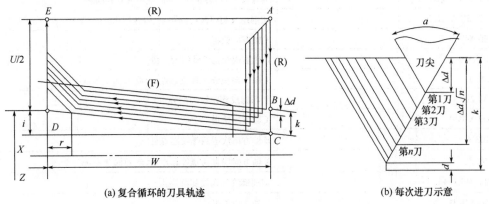

(a) 复合循环的刀具轨迹　　(b) 每次进刀示意

图 4-25　螺纹车削复合循环指令

注意事项：

（1）螺纹切削循环进刀方法，第一刀的切深 Δd，第 n 刀的切深 Δd_n，每次切削循环的切除量均为常数。

（2）P、Q、R 指定的数据，根据地址 X(U)、Z(W) 的有无而不同。

（3）循环动作在用地址 X(U)、Z(W) 指定的 G76 指令中进行。

（4）在螺纹切削过程中应用进给暂停时，刀具就返回到该时刻的循环的起点（切入位置）。

4. 编程举例

1) G32 指令编程应用

例 4.5 编写如图 4-26 所示的圆柱螺纹零件加工程序(表 4-10)。螺纹导程为 $F=1.5$，$\delta_1=3$，$\delta_2=1$，每次背吃刀量直径值分别为 0.8mm、0.6mm、0.4mm、0.16mm。

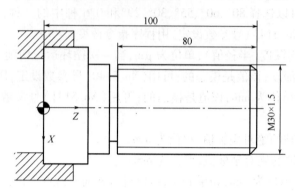

图 4-26 圆柱螺纹零件

表 4-10 圆柱螺纹零件加工程序与说明

程 序	程 序 说 明
O0003;	程序名
T0101;	设立坐标系，选1号刀，1号刀补
G00 X50.0 Z120.0;	移到起始点的位置
M03 S600;	主轴以 600r/min 旋转
G00 X29.2 Z103.0;	到螺纹起点，升速段3mm，吃刀深0.8mm
G32 Z19.0 F1.5;	切削螺纹到螺纹切削终点，降速段1mm
G00 X40.0;	X 轴方向快退
Z103.0;	Z 轴方向快退到螺纹起点处
X28.6;	X 轴方向快进到螺纹起点处，吃刀深0.6mm
G32 Z19.0 F1.5;	切削螺纹到螺纹切削终点
G00 X40.0;	X 轴方向快退
Z103.0;	Z 轴方向快退到螺纹起点处
X28.2;	X 轴方向快进到螺纹起点处，吃刀深0.4mm
G32 Z19.0 F1.5;	切削螺纹到螺纹切削终点
G00 X40.0;	X 轴方向快退
Z103.0;	Z 轴方向快退到螺纹起点处
X28.0;	切削螺纹到螺纹切削终点
G32 Z19.0 F1.5;	切削螺纹到螺纹切削终点
G00 X40.0;	X 轴方向快退
X50.0 Z120.0;	返回程序起点位置
M05;	主轴停
M30;	程序结束并复位

2) G92 指令编程应用

例 4.6 编写如图 4-27 所示的圆柱内螺纹零件加工程序(表 4-11)。螺纹导程为 $F=1.5$,$\delta_1=3$,$\delta_2=1$,每次背吃刀量直径值分别为 0.8mm、0.6mm、0.4mm、0.16mm。

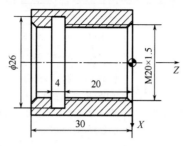

图 4-27 圆柱内螺纹零件

表 4-11 圆柱内螺纹零件加工程序与说明

程 序	程 序 说 明
O0002;	程序名
T0101;	设立坐标系,选1号刀,1号刀补
M03 S600;	主轴以 600r/min 正转
G01 X16.0 Z3.0 F0.2;	刀具移至循环起点位置
G92 X18.8 Z-21.0 F1.5;	第一次循环切螺纹,切深 0.8mm
G92 X19.4 Z-21.0 F1.5;	第二次循环切螺纹,切深 0.6mm
G92 X19.8 Z-21.0 F1.5;	第三次循环切螺纹,切深 0.4mm
G92 X20.0 Z-21.0 F1.5;	第四次循环切螺纹,切深 0.16mm
G00 X100.0 Z100.0;	快速返回定位点
M05;	主轴停止
M30;	程序结束并复位

3) G76 指令编程应用

例 4.7 编写如图 4-28 所示梯形螺纹零件的加工程序(表 4-12)。螺纹导程 $F=6$,螺纹小径为 33.0。精加工次数为 2,斜向退刀量取 10,刀尖角为 30°,最小切削深度取 0.02,精加工余量 0.1,螺纹锥度为 0,牙型高度计算为 3.5,第一次切削深度为 0.8。

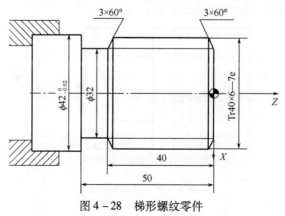

图 4-28 梯形螺纹零件

表4-12 梯形螺纹零件加工程序与说明

程　序	程　序　说　明
O0005；	程序名
T0101；	设立坐标系,选1号刀,1号刀补
M03 S600；	主轴以600r/min 正转
G00 X50.0 Z12.0；	刀具移至循环螺纹起点位置
G76 P021030 Q50 R0.1； G76 X33.0 Z-46.0 R0.0 P3500 Q800 F6.0；	精加工次数为2,斜向倒角量取10,刀尖角为30°,最小切深取0.05,精加工余量0.1 螺纹锥度为0,牙型高度计算为3.5,第一次切深为0.8,螺距为6,螺纹小径为33
G00 X100.0 Z100.0；	快速返回定位点
M05；	主轴停
M30；	程序结束并复位

2.2 华中系统编程指令

2.2.1 槽的编程

1. 暂停指令G04

编程格式：

G04 P_；

P_：暂停时间,单位为S。

G04 在前一程序段的进给速度降到零之后才开始暂停动作。

注意：华中系统中的暂停指令G04后的P单位为秒,FANUC系统中暂停指令G04后的P单位为ms,指令功能相同。

2. 编程举例

华中系统中窄槽的编程方法与FANUC系统方法相同,华中系统中无切槽循环指令,这里介绍宽槽的编程。

例4.8 如图4-29所示的零件,加工一个较宽且有一定深度的槽,选用刀宽为4mm的切槽刀,可以采用图4-7所示的走刀路线,坐标系选在工件右端面中心,切槽刀左刀尖为刀位点。宽槽零件加工程序与说明见表4-13。

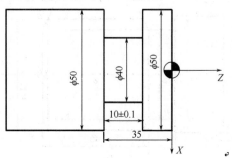

图4-29 宽槽零件图

表 4-13 宽槽零件加工程序与说明

程 序	程 序 说 明
%0005	程序名
N1 T0101	设立坐标系,选1号刀,1号刀补
N2 M03 S300	主轴以300r/min旋转
N3 G00 X100 Z20	移到起始点的位置
N4 G00 Z-34.9	定第一刀切槽位置
N5 G00 X52	定位到槽上方位置
N6 G01 X40.2 F30	进行第一刀切削
N7 G01 X52 F100	退刀
N8 G00 Z-32	定第二刀切槽位置
N9 G01 X40.2 F30	进行第二刀切削
N10 G01 X52 F100	退刀
N11 G00 Z-29.1	定第三刀切槽位置
N12 G01 X40.2 F30	进行第三刀切削
N12 G01 X52 F100	退刀
N13 G00 Z-29	精加工定位
N14 G01 X40 F30	切至槽底
N15 G01 Z-35	横向切至槽底
N16 G00 X52 F100	切出槽退刀
N17 G00 X100	X方向退刀
N18 G00 Z100	Z方向退刀
N19 M05	主轴停
N20 M30	程序结束并复位

2.2.2 螺纹的编程

1. 单行程螺纹车削指令 G32

编程格式：

G32 X(U)_ Z(W)_ R_ E_ P_ F_ ;

X、Z:绝对编程时,有效螺纹终点在工件坐标系中的坐标；

U、W:增量编程时,有效螺纹终点相对于螺纹切削起点的位移量；

F:螺纹导程,即主轴每转一圈,刀具相对于工件的进给值。

注意:圆锥螺纹在 X 方向或者 Z 方向有不同导程,程序中导程 F 的取值以两者较大的为准,即当加工螺纹锥角 $\alpha \leqslant 45°$ 时,程序中导程 F 的值以 Z 方向导程指定;当 $\alpha > 45°$ 以 X 方向导程指定;若 $\alpha = 0°$,则为圆柱螺纹。

R、E:螺纹切削的退尾量。R 表示 Z 向退尾量；E 表示 X 向退尾量,R、E 在绝对或增量编程时都是以增量方式指定,其为正表示沿 Z、X 正向回退,为负表示沿 Z、X 负向回退。使用 R、E 可免去退刀槽。R、E 可以省略,表示不用回退功能;根据螺纹标准 R 一般取 $0.75 \sim 1.75$ 倍的螺距,E 取螺纹的牙型高。

P:主轴基准脉冲处距离螺纹切削起始点的主轴转角,也就是多线螺纹的分线角度。如双线螺纹 $P180$,三线螺纹 $P120$。

注意:华中系统中的 G32 指令的走刀路线、指令功能与 FANUC 系统中的 G32 指令相同,可参考。

2. 螺纹切削单一循环 G82

1)直螺纹切削循环编程格式

G82 X(U)_ Z(W)_ R_ E_ C_ P_ F_;

直螺纹走刀路线如图 4-30 所示。

X、Z:绝对值编程时,为螺纹终点在工件坐标系下的坐标;增量值编程时,为螺纹终点相对于循环起点的有向距离,用 U、W 表示。

F:螺纹导程。

R、E:螺纹切削的退尾量,R 表示 Z 向退尾量;E 表示 X 向退尾量,R、E 在绝对或增量编程时都是以增量方式指定,其为正表示沿 Z、X 正方向回退,为负表示沿 Z、X 负方向回退。使用 R、E 可免去退刀槽。R、E 可以省略,表示不用回退功能;根据螺纹标准 R 一般取 $(0.75 \sim 1.75)$ 刀,E 取螺纹的牙型高。

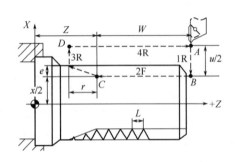

图 4-30 直螺纹走刀路线

P:主轴基准脉冲处距离螺纹切削起始点的主轴转角,也就是多线螺纹的分线角度。如双线螺纹 $P180$,三线螺纹 $P120$。

注意:螺纹切削循环同 G32 螺纹切削一样,在进给保持状态下,该循环在完成全部动作之后才停止运动。

2)锥螺纹切削循环编程格式

G82 X_ Z_ I_ R_ E_ C_ P_ F_;

锥螺纹走刀路线如图 4-31 所示。

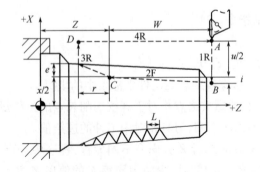

图 4-31 锥螺纹走刀路线

X、Z:绝对值编程时,为螺纹终点 C 在工件坐标系下的坐标;增量值编程时,为螺纹

终点 C 相对于循环起点 A 的有向距离,用 U、W 表示,其符号由轨迹 1 和轨迹 2 的方向确定。

I:为螺纹起点 B 与螺纹终点 C 的半径差。其符号为差的符号(无论是绝对值编程还是增量值编程)。

R、E:螺纹切削的退尾量,R、E 均为矢量,R 为 Z 方向回退量;E 为 X 方向回退量,R、E 可以省略,表示不用回退功能。

C:螺纹头数,为 0 或 1 时切削单头螺纹。

P:单头螺纹切削时,为主轴基准脉冲处距离切削起始点的主轴转角(默认值为 0);多头螺纹切削时,为相邻螺纹头的切削起始点之间对应的主轴转角,也就是多线螺纹的分线角度。如双线螺纹 P180,三线螺纹 P120。

F:螺纹导程。

3. 车螺纹复合循环 G76

1)指令功能

该指令用于多次自动循环车螺纹,数控加工程序中只需指定一次,并在指令中定义好有关参数,则能自动进行螺纹加工,车削过程中,除第一次车削深度外,其余各次车削深度自动计算。

2)编程格式

G76 C(c)_ R(r)_ E(e)_ A(a)_ X(x)_ Z(z)_ I(i)_ K(k)_ U(d)_ V(Δdmin)_ Q(Δd)_ P(p)_ F(L)_;

G76 循环走刀路线如图 4 - 32 所示,G76 循环单边切削及其参数如图 4 - 33 所示。

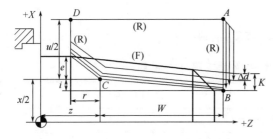

图 4 - 32 螺纹复合循环 G76 走刀路线　　图 4 - 33 G76 循环单边切削及其参数

c:精车重复次数(1~99),该参数为模态值;

r:螺纹 Z 向退尾长度(00~99),为模态值;

e:螺纹 X 向退尾长度(00~99),为模态值;

a:刀尖角度(二位数字),为模态值;在 80°、60°、55°、30°、29°和 0°6 个角度中选一个;

x、z:绝对值编程时,为有效螺纹终点的坐标;增量值编程时,为有效螺纹终点相对于循环起点的有向距离(用 G91 指令定义为增量编程,用 G90 定义为绝对编程);

i:螺纹两端的半径差;如 $i=0$,为直螺纹(圆柱螺纹)切削方式;

k:螺纹高度;该值由 X 轴方向上的半径值指定;

Δdmin:最小切削深度(半径值);当第 n 次切削深度小于 Δd_{min} 时,则切削深度设定为 Δd_{min};

d:精加工余量(半径值);

Δd:第一次切削深度值(半径值);

p:主轴基准脉冲处距离切削起始点的主轴转角;

L:螺纹导程(同 G32)。

4. 螺纹指令之间的区别

G32 只有车螺纹的刀路,没有进刀退刀过程;G82 是一个螺纹车削循环,包括进退刀过程,但是每条指令车一层,要设置每层切深;G76 是螺纹复合车削循环,可以一次车出整个螺纹。G76 指令一般用于大螺距低精度螺纹的加工,在螺纹精度要求不高的情况下,此加工方法更简洁方便。G32,G82 指令采用直进式进刀方式,一般多用于小螺距高精度螺纹的加工。

5. 编程举例

例 4.9 如图 4 - 34 所示,用 G82 指令编程,毛坯外形已加工完成。螺纹零件加工程序与说明见表 4 - 14。

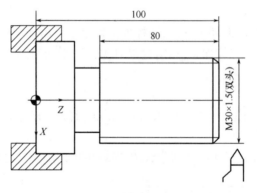

图 4 - 34 螺纹零件编程图

表 4 - 14 螺纹零件加工程序与说明

程　序	程　序　说　明
%3324	程序名
N1 T0101	设立坐标系,选 1 号刀,1 号刀补
N2 M03 S400	主轴以 400r/min 正转
N3 G00 X100 Z200	刀具移到起始点的位置
N4 G00 X32 Z105	刀具移到螺纹循环起点位置
N5 G82 X29.2 Z18.5 C2 P180 F3	第一次循环切螺纹,切深 0.8mm
N6 X28.6 Z18.5 C2 P180 F3	第二次循环切螺纹,切深 0.4mm
N7 X28.2 Z18.5 C2 P180 F3	第三次循环切螺纹,切深 0.4mm
N9 X28.04 Z18.5 C2 P180 F3	第四次循环切螺纹,切深 0.16mm
N9 M30	主轴停、主程序结束并复位

例 4.10 请按如图 4 - 35 所示的零件图,编写该零件右端面沟槽与螺纹的加工程序(表 4 - 15),切槽刀刀宽为 4mm,刀位点为左刀尖。

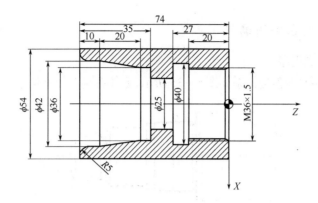

图4-35 内螺纹零件图

表4-15 内螺纹零件加工程序与说明

程 序	程 序 说 明
%0006	程序名
N1 T0101	设立坐标系,选1号刀,1号刀补
N2 M03 S300	主轴以300r/min正转
N3 G00 X100 Z100	刀具移至起刀点位置
N4 G01 X20 Z5 F200	刀具接近工件
N5 G01 Z-27 F200	第一刀切槽定位
N6 G01 X40 F20	切至槽底
N7 G04 P1.0	延时修整槽底
N8 G01 X20 F200	X方向退刀
N9 G01 Z-24 F200	第二刀切槽定位
N10 G01 X40 F30	切至槽底
N11 G04 P1.0	延时修整槽底
N12 G01 X20 F200	X方向退刀
N13 G00 Z100	Z方向退刀
N14 G00 X100	返回程序起点位置
N15 T0202	设立坐标系,选2号刀,2号刀补
N16 M03 S600	主轴以600r/min正转
N17 G00 X100 Z100	刀具移至起刀点位置
N16 G00 X32 Z5	刀具移至循环起点位置
N17 G82 X34.85 Z-23 F1.5	第一次循环切螺纹,切深0.8mm
N18 G82 X35.45 Z-23 F1.5	第二次循环切螺纹,切深0.6mm
N19 G82 X35.85 Z-23 F1.5	第三次循环切螺纹,切深0.4mm
N20 G82 X36 Z-23 F1.5	第四次循环切螺纹,切深0.16mm
N21 G00 X100 Z100	返回程序起点位置
N22 M05	主轴停
N23 M30	程序结束并复位

2.3 槽及螺纹轴零件的编程

1. 右端面加工程序

加工零件右端面编程坐标系如图4-36所示,零件右端面加工程序与说明见表4-16。

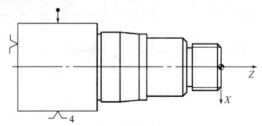

图4-36 零件右端面编程坐标系

表4-16 零件右端面加工程序与说明

程 序			
FANUC 系统	程序说明	华中系统	程序说明
O0001;	左右端外轮廓加工程序名	%0001	左右端外轮廓加工程序名
T0101;	设立坐标系,选1号刀,1号刀补	T0101;	设立坐标系,选1号刀,1号刀补
M03 S800;	主轴以800r/min正转	M03 S800;	主轴以800r/min正转
G00 X100.0 Z100.0;	刀具快速定位到安全点	G00 X100.0 Z100.0;	刀具快速定位到安全点
G00 X47.0 Z5.0;	刀具到循环起点位置	G00 X47.0 Z5.0;	刀具到循环起点位置
G71 U1.5 R1.0; G71 P07 Q16 U0.5 W0.1 F0.2;	外径粗切削循环	G71 U1.5 R1.0 P07 Q16 X0.5 Z0.1 F150;	外径粗切削循环
N07 G01 X0 F0.15;	精加工起始行	M03 S1200;	精加工1200r/min正转
G01 Z0.0;		N07 G01 X0 F100;	精加工起始行
G01 X19.8;	加工端面	Z0;	
X23.8 Z-2.0;	加工C2倒角	G01 X19.8;	加工端面
G01 Z-18.0;	加工φ23.8外圆	X23.8 Z-2.0;	加工C2倒角
X26.0;	加工Z-18的台阶面	Z-18.0;	加工φ23.8外圆
G01 X30.0 Z-20.0;	加工C2倒角	X26.0;	加工Z-18的台阶面
Z-39.0;	加工φ30外圆	G01 X30.0 Z-20.0;	加工C2倒角
X34.0;	加工Z-39的台阶面	Z-39.0;	加工φ30外圆
Z-43.0;	加工φ34外圆	X34.0;	加工Z-39的台阶面
X36.0 Z-53.0;	加工锥度	Z-43.0;	加工φ34外圆
Z-65.0;	加工φ36外圆	X36.0 Z-53.0;	加工锥度
N16 G01 X47.0;	退刀	Z-65.0;	加工φ36外圆
S1200	精加工1200r/min正转	N16 G01 X47.0;	退刀
G70 P07 Q16	零件精加工	G00 X100.0 Z100.0;	刀具返回安全位置
G00 X100.0 Z100.0;	刀具返回安全位置	M30;	程序结束并复位
M30;	程序结束并复位	—	—

(续)

程　序		
FANUC 系统	华中系统	程序说明
O0002;	%0002	左端内沟槽加工程序名
T0202;	T0202	设立坐标系,选2号刀,2号刀补
M03 S400;	M03 S400;	主轴以400r/min 正转
G00 X100.0 Z100.0;	G00 X100.0 Z100.0;	刀具快速定位到安全点
G00 X32.0 Z5.0;	G00 X32.0 Z5.0;	刀具到切削起点位置
G00 Z-18.0;	G00 Z-18.0;	刀具定位到切槽起点
G01 X20.0 F0.05;	G01 X20.0 F20	进行槽第一刀切削
G01 X32.0 F0.25;	G01 X32.0 F100;	退刀
G01 Z-17.0 F0.25;	G01 Z-17 F100	进行槽第二刀切削定位
G01 X20.0 F0.05;	G01 X20.0 F20	进行槽第一刀切削
G01 X42.0 F0.25;	G01 X42.0 F100;	退刀
G00 Z-65.0;	G00 Z-65.0;	第二个槽切削起点位置
G01 X34.0 F0.05;	G01 X34.0 F20;	切槽
X42.0 F10.05;	X42.0 F100;	退刀
G00 X100;	G00 X100;	X 向快速退刀至安全位置
Z100;	Z100;	Z 向快速退刀至安全位置
M30;	M30;	程序结束并复位

程　序		
FANUC 系统	华中系统	程序说明
O0003;	%0003	右端螺纹加工程序名
T0303;	T0303;	设立坐标系,选3号刀,3号刀补
M03 S600;	M03 S600;	主轴以600r/min 正转
G00 X100.0 Z100.0;	G00 X100.0 Z100.0;	刀具快速定位到安全点
G00 X26.0 Z5.0;	G00 X26.0 Z5.0;	刀具到循环起点位置
G92 X23.1 Z-16.0 F2;	G82 X23.1 Z-16.0 F2;	螺纹切削循环,切深0.9,导程2
G92 X22.5 Z-16.0 F2;	G82 X22.5 Z-16.0 F2;	螺纹切削循环,切深0.6,导程2
G92 X21.9 Z-16.0 F2;	G82 X21.9 Z-16.0 F2;	螺纹切削循环,切深0.6,导程2
G92 X28.0 Z-16.0 F2;	G82 X21.5 Z-16.0 F2;	螺纹切削循环,切深0.4,导程2
G92 X21.5 Z-16.0 F2;	G82 X21.5 Z-16.0 F2;	螺纹切削循环,切深0.1,导程2
G00 X100.0;	G00 X100.0;	X 向快速退刀
G00 Z100.0;	G00 Z100.0;	快速退刀到安全位置
M30;	M30;	程序结束并复位

2. 左端面加工程序

加工零件左端面编程坐标系,如图 4-37 所示,零件左端面加工程序与说明见表 4-17。

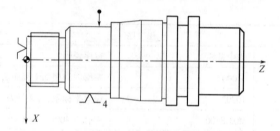

图 4-37 零件左端面编程坐标系

表 4-17 零件左端面加工程序与说明

程 序			
FANUC 系统	程序说明	华中系统	程序说明
O0004;	左端外轮廓加工程序名	%0004;	左端外轮廓加工程序名
T0101;	设立坐标系,选1号刀,1号刀补	T0101;	设立坐标系,选1号刀,1号刀补
M03 S800;	主轴以800r/min正转	M03 S800;	主轴以800r/min正转
G00 X100.0 Z200.0;	刀具快速定位到安全点	G00 X100.0 Z200.0;	刀具快速定位到安全点
G00 X47.0 Z110.0;	刀具到循环起点位置	G00 X47.0 Z110.0;	刀具到循环起点位置
G71 U1.5 R1.0; G71 P70 Q80 U0.5 W0.1 F0.2;	外径粗切削循环	G71 U1.5 R1.0 P70 Q80 X0.5 Z0.1 F150;	
N70 G01 X0 F0.15;	精加工起始行	M03 S1200;	精加工1200r/min正转
Z101.0;		N70 G01 X0 F100;	精加工起始行
G01 X26.0;	加工端面	Z101.0;	
X30 Z99.0;	加工C2倒角	G01 X26.0;	加工端面
Z80.0;	加工φ30外圆	X30 Z99.0;	加工C2倒角
X40.0;	加工Z80的台阶面	Z80.0;	加工φ30外圆
Z64.0;	加工φ40外圆	X40.0;	加工Z80的台阶面
N80 X47.0;	退刀	Z64.0;	加工φ40外圆
S1200;	精加工1200r/min正转	N80 X47.0;	退刀
G70 P70 Q80;	零件精加工	G00 X100.0 Z200.0;	刀具返回安全位置
G00 X100.0 Z200.0;	刀具返回安全位置	T0202;	设立坐标系,选2号切槽刀,2号刀补
T0202;	设立坐标系,选2号切槽刀,2号刀补	M03 S300;	主轴以300r/min正转
M03 S400;	主轴以300r/min正转	G00 X100.0 Z200.0;	刀具快速定位到安全点
G00 X100.0 Z200.0;	刀具快速定位到安全点	G00 X50.0 Z110.0;	刀具到切削起点位置
G00 X50.0 Z110.0;	刀具到切削起点位置	G00 Z70.5;	刀具定位到切槽起点
G00 Z70.5;	刀具定位到切槽起点	G00 X42;	刀具靠近切槽位置
G00 X42;	刀具靠近切槽位置	G01 X32.2 F20;	进行切槽粗加工

174

(续)

程 序			
FANUC 系统	程序说明	华中系统	程序说明
G01 X32.2 F0.05;	进行切槽粗加工	G01 X42.0 F100;	退刀
G01 X42.0 F0.25;	退刀	G01 Z71.0 F100;	切槽精加工定位
G01 Z71.0 F0.25;	切槽精加工定位	G01 X32 F20;	切至槽底
G01 X32 F0.05;	切至槽底	G01 Z70.0;	槽精加工
G01 Z70.0;	槽精加工	G01 X42.0;	切出
G01 X42.0;	切出	G00 X100.0;	X 方向退刀
G00 X100.0;	X 方向退刀	G00Z100.0;	Z 方向退刀
G00Z100.0;	Z 方向退刀	M05;	主轴停
M05;	主轴停	M30;	程序结束并复位
M30;	程序结束并复位	—	—

任务三 槽及螺纹轴零件的加工实施

知识与技能点

- 掌握螺纹刀及切槽刀的安装方法;
- 能熟练地进行螺纹刀及切槽刀的对刀;
- 掌握螺纹与沟槽的的测量方法;
- 能正确分析槽及螺纹出现的误差。

3.1 刀具与工件装夹

3.1.1 工件装夹

该模块加工任务的零件为典型的轴类零件,长度适中,可选用三爪卡盘进行装夹。加工第一端时,毛坯伸出长度约70mm,,其装夹如图4-15、图4-16所示。

3.1.2 刀具的安装

1. 切槽刀的安装

安装时,刀体不宜伸出过长,切槽刀的中心线一定要垂直与工件的轴线,如图4-38所示,以免副后刀面与工件摩擦,影响加工质量。

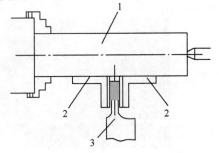

图4-38 切槽刀的安装
1—工件;2—直角尺;3—切槽刀。

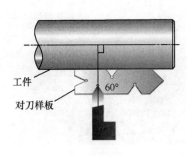

图4-39 用样板装刀

2. 螺纹车刀的安装

安装螺纹车刀时刀尖对准工件中心,并用样板装刀,以保证刀尖角的角平分线与工件的轴线相垂直,这样车出的牙型角才不会偏斜。如图4-39所示。

3.2 对刀及参数设置

在切槽刀与螺纹刀对刀前,首先要用外圆车刀将毛坯的外圆与端面车平,以保证对刀的准确性。

3.2.1 切槽刀的对刀及参数设置

(1)在手动方式下,调2号刀,按"主轴正转"按钮使主轴正转。

(2)在手动或手摇方式下,将刀具移至工件附近,越靠近工件手轮的倍率要越小,使切槽刀的左侧刀刃与毛坯端面接触,将机床坐标系 Z 值作为 Z 方向对刀值,完成切槽刀 Z 向对刀。华中系统中打开[刀具补偿]→[刀偏表],在#0002号的"试切长度"栏中输入"0",完成 Z 方向对刀,如图4-40所示。

刀偏号	X偏置	Z偏置	X磨损	Z磨损	试切直径	试切长度
#0001	0.000	0.000	0.000	0.000	0.000	0.000
#0002	0.000	-819.746	0.000	0.000	0.000	0.000

图4-40 华中系统切槽刀 Z 方向对刀参数

FANUC系统中按下 OFFSET/SETTING 键,选择[刀具补正/形状],将光标移到某行的 Z 处输入"Z0"后选择[测量]即可完成 Z 轴方向对刀,如图4-41所示。

工具补正 番号	X	Z	R	T
01	0.000	0.000	0.000	0
02	0.000	910.501	0.000	0

图4-41 FANUC系统切槽刀 Z 方向对刀参数

(3)用前端主切削刃靠外圆柱面,将此外圆柱直径作为测量数据,如图4-42所示。华中系统中打开[刀具补偿]→[刀偏表],在#0002号的"试切直径"栏中输入测量的直径(如44.5),完成 X 方向对刀,如图4-43所示。FANUC系统中按 OFFSET/SETTING 键,选择[刀具补正/形状],将光标移到02号的 X 处输入测量的直径(如X44.5)后选择[测量]即可完成 X 轴方向对刀,如图4-44所示。

(a) X 方向对刀

(b) Z 方向对刀

图4-42 切槽刀对刀

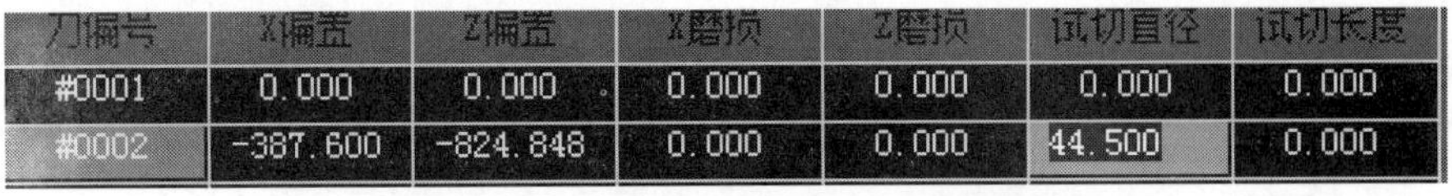

刀偏号	X偏置	Z偏置	X磨损	Z磨损	试切直径	试切长度
#0001	0.000	0.000	0.000	0.000	0.000	0.000
#0002	-387.600	-824.848	0.000	0.000	44.500	0.000

图 4-43 华中系统切槽刀 X 方向对刀参数

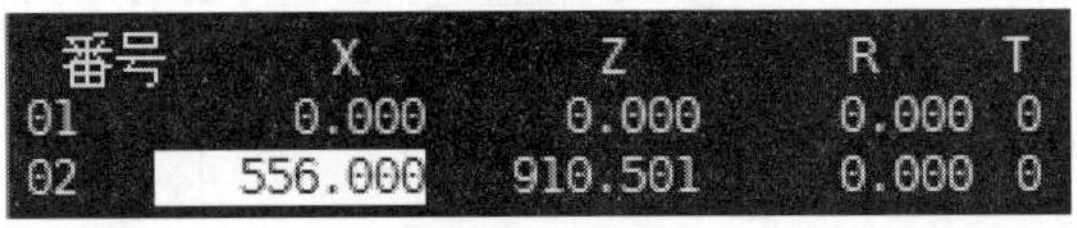

番号	X	Z	R	T
01	0.000	0.000	0.000	0
02	556.000	910.501	0.000	0

图 4-44 FANUC 系统切槽刀 X 方向对刀参数

（4）完成切槽刀对刀后，刀架移开，退到换刀位置，使主轴停转。

3.2.2 螺纹刀的对刀方法

（1）在手动方式下，调 3 号刀，按"主轴正转"按钮使主轴旋转。

（2）在手动或手摇方式下，将刀具移至工件附近，越靠近工件手轮的倍率要越小，观察刀尖与试切端面的相对位置，当刀尖与端面重合时，将机床坐标系 Z 值作为 Z 方向对刀值，完成螺纹刀 Z 向对刀。

（3）用刀尖靠毛坯外圆柱面，刀尖刚好接触外圆柱面时，将此外圆柱直径作为测量数据输入对刀参数中，完成 X 方向对刀。螺纹刀对刀如图 4-45 所示。

图 4-45 螺纹刀对刀

在实际加工中，可以通过"X 磨损""Z 磨损"进行适当调整因对刀等因素引起的尺寸误差。

3.3 零件测量及误差分析

3.3.1 沟槽的测量

沟槽直径可用千分尺、游标卡尺、卡钳等测量，沟槽的宽度可用钢板尺、样板、游标卡尺等测量，如图 4-46 所示是测量较高精度沟槽的几种方法。

3.3.2 螺纹的测量

螺纹的主要测量参数有螺距、大径、小径和中径尺寸。

1. 大、小径的测量

外螺纹大径和内螺纹小径的公差一般较大，可用游标卡尺或千分尺测量。

2. 螺距的测量

螺距一般可用钢直尺或螺距规测量。由于普通螺纹的螺距一般较小，所以采用钢直尺测量时，最好测量 10 个螺距的长度，然后除以 10，就得出一个较准确的螺距尺寸。

3. 中径的测量

对精度较高的普通螺纹，可用外螺纹千分尺直接测量，如图 4-47 所示，所测得的读数就是该螺纹中径的实际尺寸；也可用"三针"测量法进行间接测量（仅适用于外螺纹的测量），但需通过计算后，才能得到中径尺寸。

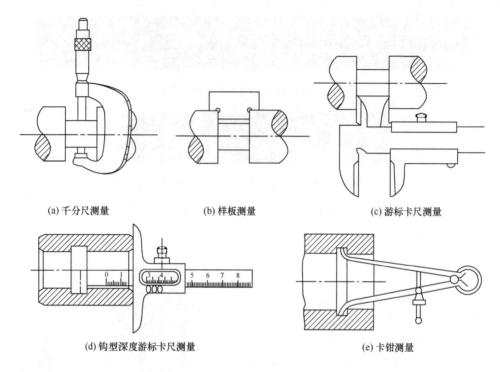

图 4-46 测量较高精度沟槽的方法

4. 综合测量

综合测量是指使用螺纹塞规或螺纹环规对螺纹精度进行检测,如图 4-48 所示。其中螺纹塞规用于检测内螺纹尺寸的正确性,一端为通规,另一端为止规。螺纹环规用于检测外螺纹尺寸的正确性,由一个通规和一个止规组成。使用螺纹塞规和螺纹环规时,应按其对应的公称直径和公差等级进行选择。

图 4-47 外螺纹千分尺　　图 4-48 螺纹塞规与螺纹环规

(1) 通规使用:首先清理干净被测螺纹油污及杂质,然后在环规与被测螺纹对正后,用大拇指与食指转动环规,使其在自由状态下旋合通过螺纹全部长度判定为合格。

(2) 止规使用:首先清理干净被测螺纹油污及杂质,然后在环规与被测螺纹对正后,用大拇指与食指转动环规,旋入螺纹长度在两个螺距之内为合格。

3.3.3 零件误差分析

1. 槽加工误差分析

在数控车床上进行槽加工时经常遇到的加工误差有多种,其问题现象、产生原因预防和消除的措施见表 4-18。

表 4-18 槽加工误差分析

问题现象	产生原因	预防和消除
槽的一侧或两侧面出现小台阶	刀具数据不准确或程序错误	(1) 调整或重新设定刀具数据; (2) 检查、修改加工程序
槽底出现倾斜	刀具安装不正确	正确安装刀具
槽的侧面出现凹凸面	(1) 刀具刃磨角度不对称; (2) 刀具安装角度不对称; (3) 刀具两刀尖磨损不对称	(1) 更换刀片; (2) 重新刃磨刀具; (3) 正确安装刀具
槽的两个侧面倾斜	刀具磨损	重新刃磨刀具成更换刀片
槽底出现振动现象,留有指纹	(1) 工件装夹不正确; (2) 刀具安装不正确; (3) 切削参数不正确; (4) 程序延时时间太长	(1) 检查工件安装,增加安装刚性; (2) 调整刀具安装位置; (3) 提高或降低切削速度; (4) 缩短程序延时时间
切槽过程中出现扎刀现象,造成刀具断裂	(1) 进给量过大; (2) 切屑阻塞	(1) 降低进给速度; (2) 采用断、退屑方式切入
切槽过程中出现较强的振动,表现为工件刀具出现谐振现象,严重者车床也会一同产生谐振,切削不能继续	(1) 工件装夹不正确; (2) 刀具安装不正确; (3) 进给速度过低	(1) 检查工件安装,增加安装刚性; (2) 调整刀具安装位置; (3) 提高进给速度

2. 螺纹加工误差分析

螺纹加工误差分析见表 4-19。

表 4-19 螺纹加工误差分析

问题现象	产生原因	预防和消除
切削过程出现振动	(1) 工件装夹不正确; (2) 刀具安装不正确; (3) 切削参数不正确	(1) 检查工件安装,增加安装刚性; (2) 调整刀具安装位置; (3) 提高或降低切削深度

(续)

问题现象	产生原因	预防和消除
螺纹牙顶呈刀口状 	(1) 刀具角度选择错误； (2) 螺纹外径尺寸过大； (3) 螺纹切削过深	(1) 选择正确的刀具； (2) 检查并选择合适的工件外径尺寸； (3) 减小螺纹切削深度
螺纹牙型过平 	(1) 刀具中心错误； (2) 螺纹切削深度不够； (3) 刀具牙型角度过小； (4) 螺纹外径尺寸过小	(1) 选择合适的刀具并调整刀具中心的高度； (2) 适当增大刀具牙型角； (3) 检查并选择合适的工件外径尺寸
螺纹牙型底部圆弧过大 	(1) 刀具选择错误； (2) 刀具磨损严重	(1) 选择正确的刀具； (2) 重新刃磨或更换刀片
螺纹牙型底部过宽 	(1) 刀具选择错误； (2) 刀具磨损严重； (3) 螺纹有乱牙现象	(1) 选择正确的刀具； (2) 重新刃磨或更换刀片； (3) 检查加工程序中有无导致乱牙的原因
螺纹表面质量差	(1) 切削速度过低； (2) 刀具中心过高； (3) 切削控制较差； (4) 刀尖产生积屑瘤； (5) 切削液选用不合理	(1) 调高主轴转速； (2) 调整刀具中心高度； (3) 选择合理的进刀方式及切深； (4) 选择合适的切削液并充分喷注
螺距误差	(1) 伺服系统滞后效应； (2) 加工程序不正确	(1) 增加螺纹切削升、降通段的长度； (2) 检查、修改加工程序

思考与练习

1. 编制如图 4-49 所示零件加工工艺，编写零件程序并完成加工，毛坯尺寸 $\phi55\times105\,\mathrm{mm}$，材料 45 钢。

2. 编制如图 4-50 所示零件加工工艺，编写零件程序并完成加工，毛坯尺寸 $\phi50\times80\,\mathrm{mm}$，材料 45 钢。

3. 编制如图 4-51 所示零件加工工艺，编写零件程序并完成加工，毛坯尺寸 $\phi40\times110\,\mathrm{mm}$，材料 45 钢。

4. 编制如图 4-52 所示零件加工工艺，编写零件程序并完成加工，毛坯尺寸 $\phi45\times75\,\mathrm{mm}$，材料 45 钢。

5. 编制如图 4-53 所示零件加工工艺，编写零件程序并完成加工，毛坯尺寸 $\phi45\times100\,\mathrm{mm}$，材料 45 钢。

模块四 槽及螺纹轴零件的车削加工

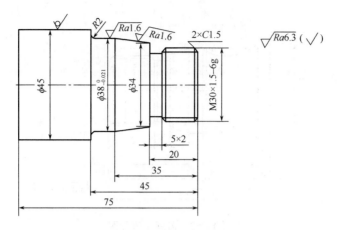

图 4-49 习题 1 零件图

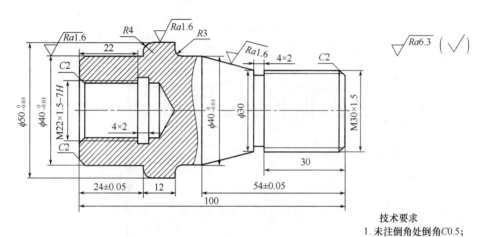

图 4-50 习题 2 零件图

技术要求
1. 未注倒角处倒角C0.5；
2. 未注尺寸按GB/T 1804-f

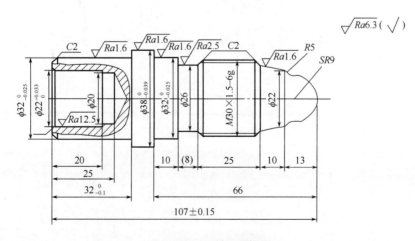

图 4-51 习题 3 零件图

181

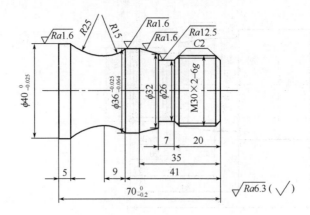

图 4-52 习题 4 零件图

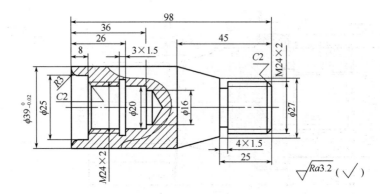

图 4-53 习题 5 零件图

模块五　非圆曲线零件的车削加工

任务描述

完成如图 5-1 所示零件的加工(该零件为单件生产,毛坯尺寸为 φ40×90 的棒料,材料为 45 钢)。

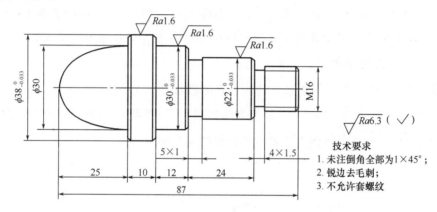

图 5-1　非圆曲线零件任务图

任务一　非圆曲线零件加工工艺

知识与技能点

- 会对零件图进行工艺分析;
- 能根据分析制定工艺文件。

1.1　非圆曲线零件工艺制定

1.1.1　零件图工艺分析

1. 加工内容及技术要求

1) 零件的尺寸公差分析

根据图 5-1 可知该零件右端 φ38、φ30、φ22 外圆柱尺寸公差为上偏差 0,下偏差 -0.033。

2) 零件表面粗糙度分析

表面粗糙度是保证零件表面微观精度的重要要求,也是合理选则机床,刀具和确定切

183

削用量的依据。从零件图样可知：右端 $\phi38$、$\phi30$、$\phi22$ 外圆柱的表面粗糙度要求为 $Ra1.6$，椭圆表面粗糙度为 $Ra3.2$；两槽尺寸要求为 5×1、4×1.5，表面粗糙度为 $Ra3.2$；螺纹尺寸要求为 M16。通过数控加工能够满足其精度要求。

2. 加工方法

由于右端 $\phi30^{+0}_{+0.033}$ 的外圆、$\phi22^{0}_{-0.033}$ 的外圆、$\phi32^{0}_{-0.033}$ 的外圆表面质量要求较高，拟采用粗车→精车的方法进行加工；左端为非圆曲线轮廓，拟采用粗车→精车的方法进行加工。

1.1.2 机床的选择

根据零件的结构特点、加工要求及现有设备情况，数控车床选用配备有 FANUC – 0i 系统的 CAK6140VA 或华中世纪星系统 CAK6140VA。其主要技术参数见表 1–2。

1.1.3 装夹方案的确定

根据对零件图的分析可知，该零件所有表面都需要加工，至少需要二次装夹，且在数控车床上的装夹都采用三爪卡盘。装夹方法如图 5–2、图 5–3 所示，先以毛坯左端为粗基准加工右端，再调头以右端 $\phi38$ 外圆为精基准加工左端。

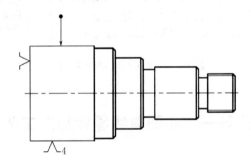

图 5–2 右端加工装夹简图

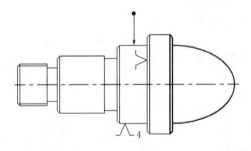

图 5–3 左端加工装夹简图

1.1.4 工艺过程卡片制定

根据以上分析，制定零件加工工艺过程卡见表 5–1。

表 5－1 零件机械加工工艺过程卡

（工厂）		机械工艺过程卡			产品型号		零件图号		共1页	第1页
					产品名称		零件名称	1		
材料牌号	45钢	毛坯种类	棒料	毛坯外形尺寸	φ40×90	每毛坯可制件数		每台件数	备注	
工序号	工序名称	工序内容				车间	工段	设备	工艺装备	工时/min
										准终 | 单件
1	备料	备 φ40×90 的 45 钢棒料				备料车间		锯床		
2	数车	夹左端外圆粗、精车右端面，φ38$_{-0.033}^{0}$、φ30$_{-0.033}^{0}$、φ22$_{-0.033}^{0}$外圆，M16螺纹大径至尺寸要求；切5×1.4×1.5槽；车M16螺纹				数控车间		CAK6140VA	三爪卡盘	
		调头装夹，粗、精车左端面，φ30椭圆至尺寸，保证总长87								
3	钳工	去毛刺，倒钝								
4	检验	按图样检查各尺寸及精度								
5	入库	油封入库								
								设计（日期）	审核（日期）	标准化（日期） | 会签（日期）
标记	处数	更改文件号	签字	日期	标记	处数	更改文件号	签字	日期	

1.1.5 加工顺序的确定

该零件先在 CK6140VA 数控车床上采用三爪卡盘装夹零件毛坯的左端,用划线盘找正(或百分表等其他工具也可以),加工右端面和右端外圆表面,以及切槽和螺纹各表面的粗、精加工,然后调头完成的左端椭圆的加工。

1.1.6 刀具与量具的确定

根据零件加工要素选用合适的刀具,具体刀具型号见表 5-2。

该零件测量要素类型较多,需选用多种量具,具体量具型号见表 5-3。

表 5-2 刀具卡片表

产品名称或代号		零件名称		零件图号		备注
工步号	刀具号	刀具名称	刀具规格		刀具材料	
1/2/5/6	T01	外圆车刀	93°		硬质合金	
3	T02	切槽车刀	宽4mm		高速钢	
4	T03	外螺纹车刀	60°		硬质合金	
编 制		审 核		批 准		共 页第 页

表 5-3 量具卡片表

产品名称或代号		零件名称		零件图号	
序号	量具名称		量具规格	精度	数量
1	游标卡尺		0~150mm	0.02mm	1把
2	外径千分表		0~25mm	0.01mm	1把
3	外径千分表		25~50mm	0.01mm	1把
4	椭圆样板				1套
编 制		审 核		批 准	共 页第 页

1.1.7 数控车削加工工序卡片

根据前面的分析,制定该零件数控车削加工工序卡,见表 5-4、表 5-5。

表 5-4 零件数控车削加工工序卡 1

(工厂)		数控加工工序卡		产品型号		零件图号			共 2 页	第 1 页
				产品名称		零件名称				
				车间	工序号	工序名称		材料牌号		
				数控车间	2	数控车削(数车)		45 钢		
				毛坯种类	毛坯外形尺寸	每毛坯可制件数		同时加工件数		
				棒料	φ40×90	1		1		
				设备名称	设备型号	设备编号		切削液		
				数控车床	CAK6140VA			水溶液		
				夹具编号		夹具名称	芯轴			
						三爪卡盘				
				工位器具编号		工位器具名称		准终	单件	
									机动	单件
工步号	工步名称	工艺装备		主轴转速 /(r/min)	切削速度 /(m/min)	进给量 /(mm/r)	背吃刀量 /mm	进给次数	工时	
1	夹毛坯左端外圆,粗车右端面,φ30$^{0}_{-0.033}$、φ22$^{0}_{-0.033}$、φ38$^{0}_{-0.033}$外圆,M16螺纹大径,X方向留0.5余量,Z向留0.1余量	93°外圆车刀		1000	125	0.2	1.5			
2	精车右端面,φ38$^{0}_{-0.033}$、φ30$^{0}_{-0.033}$、φ22$^{0}_{-0.033}$外圆,M16螺纹大径至尺寸要求	93°外圆车刀		1600	190	0.15	0.25			
3	切5×1.4×1.5槽至尺寸要求	宽4mm切槽刀		400	28	0.05	/	/		
4	车螺纹 M16 至尺寸要求	60°螺纹车刀								
				设计 (日期)	审核 (日期)	标准化 (日期)		会签 (日期)		
标记	处数	更改文件号	签字	日期	标记	处数	更改文件号	签字	日期	

表 5-5 零件数控车削加工工序卡 2

(工厂)	数控加工工序卡		产品型号		零件图号		共 2 页	第 2 页
			产品名称		零件名称			
			车间		工序名称	数控车削	材料牌号	45 钢
			数控种类		工序号	2		
			毛坯种类	棒料	毛坯外形尺寸	$\phi40\times90$	每毛坯可制件数	每台件数
			设备名称	数控车床	设备型号	CAK6140VA	设备编号	1
					夹具编号		夹具名称 三爪卡盘	同时加工件数
					工位器具编号		工位器具名称	切削液 水溶液
							芯轴	工序工时
							准终	单件
工步号	工步名称	工艺装备	主轴转速 /(r/min)	切削速度 /(m/min)	进给量 /(mm/r)	背吃刀量 /mm	进给次数	工时 机动 单件
5	调头装夹,粗车左端面、$\phi30$ 椭圆,X 方向留 0.5 余量,Z 方向留 0.1 余量	93°外圆车刀	800	150	0.2	1.5		
6	精车左端面、$\phi30$ 椭圆至尺寸,保证总长 87	93°外圆车刀	1600	200	0.15	0.25		
					设计 (日期)	审核 (日期)	标准化 (日期)	会签 (日期)
标记	处数	更改文件号	签字	日期	标记	处数	更改 文件号	签字 日期
描图								
描校								
底图号								
装订号								

任务二　非圆曲线零件的编程

知识与技能点
- 了解宏程序定义与分类及运算符和表达式；
- 掌握非圆曲线零件编程方法；
- 掌握 B 类宏程序控制指令与编程方法；
- 能采用宏程序指令编写数控加工程序。

2.1　FANUC 系统编程指令

2.1.1　宏程序的概念

1. 宏程序的定义

用户宏程序是数控系统的特殊编程功能。用户宏程序的实质与子程序相似，也是把一组实现某种功能的指令以子程序的形式预先存储在系统存储器中，通过宏程序调用指令执行这一功能。在主程序中，只要编入相应的调用指令就能实现这些功能。

一组以子程序的形式存储并带有变量的程序称为用户宏程序，简称宏程序。调用宏程序的指令称为用户宏程序指令，或宏程序调用指令（简称宏指令）。

宏程序与普通程序相比较，普通程序的程序字为常量，一个程序只能描述一个几何形状，所以缺乏灵活性和适用性。而在用户宏程序的本体中，可以使用变量进行编程，还可以用宏指令对这些变量进行赋值、运算等处理。通过使用宏程序能执行一些有规律变化（如非圆二次曲线轮廓）的动作。

2. 宏程序的分类

用户宏程序分为 A 类、B 类两种。

在一些较老的 FANUC 系统中（如 FANUC 0MD），系统面板上没有"＋""－""×""/""＝""［］"等符号，故不能进行这些符号的输入，也不能用这些符号进行赋值及数学运算，常采用 A 类宏程序编程。

而在 FANUC 0i 及其后的系统中（如 FANUC 18i 等），可以输入"＋""－""×""/""＝""［］"等符号，并能运用这些符号进行赋值及数学运算，常采用 B 类宏程序进行编程。

由于 A 类宏程序编写比较复杂，随着数控系统的不断升级，已逐渐被 B 类所替代。下面只介绍 B 类宏程序的使用。

2.1.2　宏变量

1. 变量的表示

一个变量由符号"#"和变量序号组成，如:#I(I＝1,2,3,…)，还可以用表达式表示，但其表达式必须全部写入方括号"［　］"中。

例 5.1　#100,#500,#5;

例 5.2　#[#1 + #2 + 10];

当#1 = 10,#2 = 180 时,该变量为#200。

2. 变量的引用

将跟随在地址符后的数值用变量来代替的过程称为引用变量。

例 5.3　G01 X#100 Z - #101 F#102;

当#100 = 100.0、#101 = 50.0、#102 = 1.0 时,上式即表示 G01 X100.0 Z - 50.0 F1.0。

引用变量也可以采用表达式。

例 5.4　G01 X[#100 - 30] Z - #101 F[#101 + #103];

当#100 = 100.0、#101 = 50.0、#103 = 80.0 时,即表示为 G01 X70.0 Z - 50.0 F130.0。

3. 变量的种类

变量分为局部变量、公共变量(全局变量)和系统变量三种。在 A、B 类宏程序中,其分类均相同。

(1) 局部变量。局部变量(#1 ~ #33)是在宏程序中局部使用的变量。当宏程序 C 调用宏程序 D 而且都有变量#1 时,由于变量#1 服务于不同的局部,所以 C 中的#1 与 D 中的#1 不是同一个变量,因此可以赋予不同的值,且互不影响。

(2) 公共变量。公共变量(#100 ~ #149,#500 ~ #549)贯穿于整个程序过程。同样,当宏程序 C 调用宏程序 D 而且都有变量#100 时,由于#100 是全局变量,所以 C 中的#100 与 D 中的#100 是同一个变量。

(3) 系统变量。系统变量是指有固定用途的变量,它的值决定系统的状态。系统变量包括刀具偏置值变量、接口输入与接口输出信号变量及位置信号变量等。

2.1.3　运算指令

变量的赋值方法有直接赋值和引数赋值两种。

1. 直接赋值

变量可以在操作面板上用"MDI"方式直接赋值,也可在程序中以等式方式赋值,但等号左边不能用表达式。B 类宏程序的赋值为带小数点的值。在实际编程中,大多采用在程序中以等式方式赋值的方法。

例 5.5　#100 = 100.0;

　　　　#100 = 30.0 + 20.0;

2. 引数赋值

宏程序以子程序方式出现,所用的变量可在宏程序调用时赋值。

例 5.6　G65 P1000 X100.0 Y30.0 Z20.0 F100.0;

该处的 X、Y、Z 不代表坐标字,F 也不代表进给量,而是对应于宏程序中的变量号,变量的具体数值由引数后的数值决定。引数宏程序中的变量对应关系有两种,见表 5 - 6 及表 5 - 7。这两种方法可以混用,其中,G、L、N、O、P 不能作为引数代替变量赋值。

表 5-6 变量赋值方法一

引数	变量	引数	变量	引数	变量	引数	变量
A	#1	J3	#10	I6	#19	I9	#28
B	#2	J3	#11	J6	#20	J9	#29
C	#3	K3	#12	K6	#21	K9	#30
I1	#4	I4	#13	I7	#22	I10	#31
J1	#5	J4	#14	J7	#23	J10	#32
K1	#6	K4	#15	K7	#24	K10	#33
I2	#7	I5	#16	I8	#25	—	—
J2	#8	J5	#17	J8	#26	—	—
K2	#9	K5	#18	K6	#27	—	—

表 5-7 变量赋值方法二

引数	变量	引数	变量	引数	变量	引数	变量
A	#1	H	#11	R	#18	X	#24
B	#2	I	#4	S	#19	Y	#25
C	#3	J	#5	T	#20	Z	#26
D	#7	K	#6	U	#21	—	—
E	#8	M	#13	V	#22	—	—
F	#9	Q	#17	W	#23	—	—

1) 变量赋值方法一

例 5.7 G65 P0030 A50.0 I40.0 J100.0 K0 I20.0 J10.0 K40.0;

经赋值后#1 = 50.0,#4 = 40.0,#5 = 100.0,#6 = 0,#7 = 20.0,#8 = 10.0,#9 = 40.0。

2) 变量赋值方法二

例 5.8 G65 P0020 A50.0 X40.0 F100.0;

经赋值后#1 = 50.0,#24 = 40.0,#9 = 100.0。

3) 变量赋值方法一和二的混合使用

例 5.9 G65 P0030 A50.0 D40.0 I100.0 K0 I20.0;

经赋值后,I20.0 与 D40.0 同时分配给变量#7,则后一个#7 有效,所以变量#7 = 20.0,其余同上。

2.1.4 转移与循环指令

B 类宏程序的运算指令的运算相似于数学运算,仍用各种数学符号来表示,常用运算指令见表 5-8。

表 5-8　B 类宏程序的变量运算

功　能	格　式	备注与示例
定义、转换	#i = #j	#100 = #1, #100 = 30.0
加法	#i = #j + #k	#100 = #1 + #2
减法	#i = #j - #k	#100 = 100.0 - #2
乘法	#i = #j * #k	#100 = #1 * #2
除法	#i = #j/#k	#100 = #1/30
正弦	#i = SIN[#j]	#100 = SIN[#1] #100 = COS[36.3 + #2] #100 = ATAN[#1]/[#2]
反正弦	#i = ASIN[#j]	
余弦	#i = COS[#j]	
反余弦	#i = ACOS[#j]	
正切	#i = TAN[#j]	
反正切	#i = ATAN[#j]/[#k]	
平方根	#i = SQRT[#j]	#100 = SQRT[#1 * #1 — 100] #100 = EXP[#1]
绝对值	#i = ABS[#j]	
舍入	#i = ROUND[#j]	
上取整	#i = FIX[#j]	
下取整	#i = FUP[#j]	
自然对数	#i = LN[#j]	
指数函数	#i = EXP[#j]	
或	#i = #j OR #k	逻辑运算一位一位地按二进制执行
异或	#i = #j XOR #k	
与	#i = #j AND #k	
BCD 转 BIN	#i = BIN[#j]	用于与 PMC 的信号交换
BIN 转 BCD	#i = BCD[#j]	

（1）函数 SIN、COS 等的角度单位是度，分和秒要换算成带小数点的度。

例 5.10　90°30′表示为 90.5°，30°18′表示为 30.3°。

（2）宏程序数学计算的顺序依次为：函数运算（SIN、COS、ATAN 等），乘、除运算（*、√、AND 等），加、减运算（+、-、OR、XOR 等）。

例 5.11　#1 = #2 + #3 * SIN[#4]；

运算顺序为：函数 SIN[#4]；

乘运算#3 * SIN[#4]；

加运算#2 + #3 * SIN[#4]。

（3）函数中的括号"[ ]"用于改变运算顺序，函数中的括号允许嵌套使用，但最多只允许嵌套 5 层。

例 5.12　#1 = SIN[[[#2 + #3] * 4 + #5]/#6]；

（4）宏程序中的上、下取整运算，CNC 在处理数值运算时，若操作产生的整数大于原数时为上取整，反之则为下取整。

例 5.13 设#1 = 1.2,#2 = -1.2;

执行#3 = FUP[#1]时,2.0 赋给#3;

执行#3 = FIX[#1]时,1.0 赋给#3;

执行#3 = FUP[#2]时,-2.0 赋给#3;

执行#3 = FIX[#2]时,-1.0 赋给#3。

2.1.5 宏程序调用

控制指令起到控制程序流向的作用。

1. 分支语句

格式一 GOTO n;

例 5.14 GOTO 200;

该语句为无条件转移;当执行该程序段时,将无条件转移到 N200 程序段执行。

格式二 IF[条件表达式] GOTO n;

例 5.15 IF [#1 GT #100] GOTO 200;

该语句为有条件转移语句。如果条件成立,则转移到 N200 程序段执行;如果条件不成立,则执行下一程序段。条件表达式的种类见表 5-9。

表 5-9 条件表达式的种类

条 件	意 义	示 例
#I EQ #j	等于(=)	IF[#5 EQ #6]GOTO 300;
#i NE #j	不等于(≠)	IF[#5 NE 100]GOTO 300;
#i GT #j	大于(>)	IF[#6 GT #7]GOTO 100;
#i GE #j	大于等于(≥)	IF[#8 GE 100]GOTO 100;
#i LT #j	小于(<)	IF[#9 LT #10]GOTO 200;
#i LE #j	小于等于(≤)	IF[#11 LE 100]GOTO 200;

2. 循环指令

格式:WHILE[条件表达式] DO m(m=1,2,3);

　　…

　　END m;

当条件满足时,就循环执行 WHILE m 与 END m 之间的程序段;当条件不满足时,就执行 END m 的下一个程序段。

条件判别语句的使用参见宏程序编程举例。

循环语句的使用参见宏程序编程举例。

例 5.16 用宏程序编写制如图 5-4 所示抛物线 $Z = X^2/8$ 在区间[0,16]内的程序(表 5-10)。

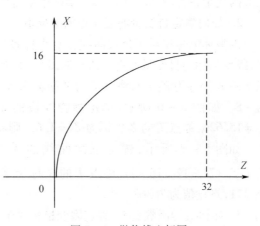

图 5-4 抛物线坐标图

表 5-10 含抛物线零件的加工程序与说明

程　序	程　序　说　明
O0061;	程序名
N01 T0101;	设立坐标系,选 1 号刀
N02 M03 S1000;	主轴以 1000r/min 正转
N03 G00 X0 Z0;	刀具快速到起点位置
N04 #10 = 0;	X 坐标
N05 #11 = 0;	Z 坐标
N06 WHILE [#10LE16] DO1;	循环开始,当前 X 坐标值小于 16 时执行循环体的内容
N07 G01 X#10Z#11 F500;	
N08 #10 = #10 + 0.08;	X 坐标每次变化 0.08
N09 #11 = #10 * #10/8;	抛物线 $Z = X^2/8$
N10 END1;	循环体结束
N11 G00Z0 M05;	
N12 G00 X0;	
N13 M30;	

2.1.6　数学计算

1. 如何选定自变量

(1) 公式曲线中的 X 和 Z 坐标任意一个都可以被定义为自变量。

(2) 一般选择变化范围大的一个作为自变量,如图 5-5 所示,椭圆曲线从起点 S 到终点 T,Z 坐标变化量为 16,X 坐标变化量从图中可以看出比 Z 坐标要小得多,所以将 Z 坐标选定为自变量比较适当。实际加工中通常将 Z 坐标选定为自变量。

(3) 根据表达式方便情况来确定 X 或 Z 作为自变量,如图 5-6 所示,公式曲线表达式为 $Z = 0.005X^3$,将 X 坐标定义为自变量比较适当。如果将 Z 坐标定义为自变量,则因变量 X 的表达式为 $X = \sqrt[3]{Z/0.005}$,其中含有三次开方函数在宏程序中不方便表达。

(4) 为了表达方便,在这里将和 X 坐标相关的变量设为#1、#11、#12 等,将和 Z 坐标相关的变量设为#2、#21、#22 等。实际中变量的定义完全可根据个人习惯进行定义。

2. 如何确定自变量的起止点的坐标值

该坐标值是相对于公式曲线自身坐标系的坐标值。其中起点坐标为自变量的初始值,终点坐标为自变量的终止值。如图 5-5 所示,选定椭圆线段的 Z 坐标为自变量#2,起点 S 的 Z 坐标为 $Z_1 = 8$,终点 T 的 Z 坐标为 $Z_2 = -8$。则自变量#2 的初始值为 8,终止值为 -8。如图 5-6 所示,选定抛物线段的 Z 坐标为自变量#2,起点 S 的 Z 坐标为 $Z_1 = 15.626$,终点 T 的 Z 坐标为 $Z_2 = 1.6$。则#2 的初始值为 15.626,终止值为 1.6。

如图 5-7 所示,选定三次曲线的 X 坐标为自变量#1,起点 S 的 X 坐标为 $X_1 = 28.171 - 12 = 16.171$,终点 T 的 X 标为 $X_2 = \sqrt[3]{2/0.005} = 7.368$。则#1 的初始值为 16.171,终止值为 7.368。

3. 如何进行函数变换,确定因变量相对于自变量的宏表达式

如图 5-5 所示椭圆,Z 坐标为自变量#2,则 X 坐标为因变量#1,那么 X 用 Z 表示为

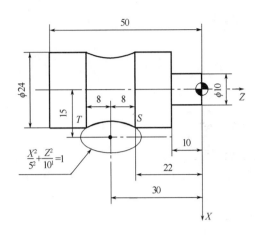
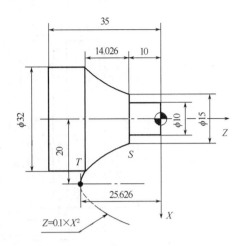

图 5-5 含椭圆曲线的零件图　　　图 5-6 含抛物线的零件图

$$X = 5 * \text{SQRT}[1 - Z * Z/10/10]$$

分别用宏变量#1、#2 代替上式中的 X、Z，即得因变量#1 相对于自变量#2 的宏表达式：

$$\#1 = 5 \quad \text{SQRT}[1 \quad \#2 \quad \#2/10/10]$$

如图 5-6 所示抛物线，Z 坐标为自变量#2，则 X 坐标为因变量#1，那么 X 用 Z 表示为

$$X = \text{SQRT}[Z/0.1]$$

分别用宏变量#1、#2 代替上式中的 X、Z，即得因变量#1 相对于自变量#2 的宏表达式：

$$\#1 = \text{SQRT}[\#2/0.1]$$

如图 5-7 所示三次曲线，X 坐标为自变量#1，Z 坐标为因变量#2，那么 Z 用 X 表示为

$$Z = 0.005 * X * X * X$$

分别用宏变量#1、#2 代替上式中的 X、Z，即得因变量#2 相对于自变量#1 的宏表达式：

$$\#2 = 0.005 * \#1 * \#1 * \#1$$

4. 如何确定公式曲线自身坐标系原点对编程原点的偏移量(含正负号)

该偏移量是相对于工件坐标系而言的。如图 5-5 所示，椭圆线段自身原点相对于编程原点的 X 轴偏移量 $\Delta X = 15$，Z 轴偏移量 $\Delta Z = -30$。如图 5-6 所示，抛物线段自身原点相对于编程原点的 X 轴偏移量 $\Delta X = 20$，Z 轴偏移量 $\Delta Z = -25.626$。如图 5-7 所示，三次曲线段自身原点相对于编程原点的 X 轴偏移量 $\Delta X = 28.171$，Z 轴偏移量 $\Delta Z = -39.144$。

5. 如何判别在计算工件坐标系下的 X 坐标值(#11)时，宏变量#1 的正负号

（1）根据编程使用的工件坐标系，确定编程轮廓为零件的下侧轮廓还是上侧轮廓：当编程使用的是 X 向下为正的工件坐标系，则编程轮廓为零件的下侧轮廓；当编程使用的是 X 向上为正的工件坐标系，则编程轮廓为零件的上侧轮廓。

（2）以编程轮廓中的公式曲线自身坐标系原点为原点，绘制对应工件坐标系的 X' 和

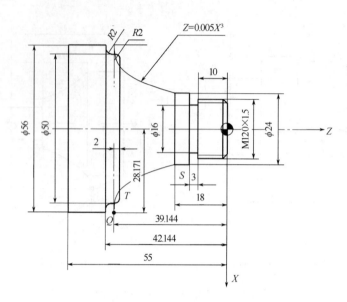

图 5-7 含三次曲线的零件图

Z'坐标轴,以其 Z' 坐标为分界线,将轮廓分为正负两种轮廓,编程轮廓在 X' 正方向的称为正轮廓,编程轮廓在 X 负方向的称为负轮廓。

(3) 如果编程中使用的公式曲线是正轮廓,则在计算工件坐标系下的 X 坐标值#11 时宏变量#1 的前面应冠以正号,反之为负。

如图 5-5 所示,在 X 向下为正的前置刀架数控车床编程工件坐标系下,编程中使用的是零件的下侧轮廓,其中的公式曲线为负轮廓,所以在计算工件坐标系下的 X 坐标值#11 时宏变量#1 的前面应冠以负号。

如图 5-6 所示,在 X 向下为正的前置刀架数控车床编程工件坐标系下,编程中使用的是零件的下侧轮廓,其中的公式曲线为负轮廓,所以在计算工件坐标系下的 X 坐标值#11 时宏变量#1 的前面应冠以负号。

如图 5-7 所示,在 X 向下为正的前置刀架数控车床编程工件坐标系下,编程中使用的是零件的上侧轮廓,其中的公式曲线为负轮廓,所以在计算工件坐标系下的 X 坐标值#11 时宏变量#1 的前面应冠以负号。

2.2 华中系统编程指令

2.2.1 宏变量

1. 变量的表示

一个变量由符号"#"和变量序号组成,如:#I(I=1,2,3,…),还可以用表达式表示。

例 5.17 #100,#500,#5。

例 5.18 #[#1+#2+10],当#1=10,#2=180 时,该变量表示为#200。

2. 变量的引用

将跟随在地址符后的数值用变量来代替的过程称为引用变量。

例 5.19 G01 X#100 Z-#101 F#102

当#100=100、#101=50、#102=80 时,上式即表示为 G01 X100 Z-50 F80;

引用变量也可以采用表达式。

例 5.20 G01 X[#100 - 30] Z - #101 F[#101 + #103]；

当#100 = 100、#101 = 50、#103 = 80 时,例 6.4 即表示为 G01 X70 Z - 50 F130。

3. 变量的种类

变量分为局部变量、公共变量(全局变量)和系统变量三种。

1) 局部变量

局部变量(#0 ~ #49)是在宏程序中局部使用的变量。当宏程序 C 调用宏程序 D 而且都有变量#1 时,由于变量#1 服务于不同的局部,所以 C 中的#1 与 D 中的#1 不是同一个变量,因此可以赋予不同的值,且互不影响。

2) 公共变量

公共变量(#50 ~ #99)贯穿于整个程序过程。同样,当宏程序 C 调用宏程序 D 而且都有变量#100 时,由于#100 是全局变量,所以 C 中的#100 与 D 中的#100 是同一个变量。

3) 系统变量

系统变量是指有固定用途的变量,它的值决定系统的状态。系统变量包括刀具偏置值变量、接口输入与接口输出信号变量及位置信号变量等。

4. 常量

PI:圆周率 π

TRUE:条件成立(真)

FALSE:条件不成立(假)

2.2.2 运算指令

宏程序的运算类似于数学运算,仍用各种数学符号表示,常用运算指令见表 5 - 11。

表 5 - 11 宏程序的变量运算

功　能		格　式	备注与示例
定义、转换		#I = #J	#100 = #1 , #100 = 30
	加法	#I = #J + #K	#100 = #1 + #2
	减法	#I = #J - #K	#100 = 100 - #2
	乘法	#I = #J * #K	#100 = #1 * #2
	除法	#I = #J/#K	#100 = #1/30
正弦		#I = SIN[#J]	#100 = SIN[#1] #100 = COS[#2] #100 = ATAN[#1]/[#2]
反正弦		#I = ASIN[#J]	
余弦		#I = COS[#J]	
反余弦		#I = ACOS[#J]	
正切		#I = TAN[#J]	
反正切		#I = ATAN[#J]/[#K]	
平方根		#I = SQRT[#J]	#100 = SQRT[#1 * #1 - 100] #100 = EXP[#1]
绝对值		#I = ABS[#J]	
指数函数		#I = EXP[#J]	

(续)

功能	格式	备注与示例
或	#I = #J OR #K	逻辑运算一位一位地按二进制执行
异或	#I = #J XOR #K	
与	#I = #J AND #K	

注:函数 SIN、COS 等的角度单位是弧度,度、分和秒(rad(°)(′)(″))要换算成弧度,如求55°余弦应表示为 COS[55*PI/180]

宏程序数学计算的顺序依次为:函数运算(SIN、COS、ATAN 等),乘和除运算(*、/等),加和减运算(+、-等)。

例 5.21 #1 = #2 + #3 * SIN[#4]

运算顺序为:函数 SIN[#4];

乘和除运算#3 * SIN[#4];

加和减运算#2 + #3 * SIN[#4]。

函数中的括号用于改变运算顺序,函数中的括号允许嵌套使用。

例 5.22 #1 = SIN[[[#2 + #3] * 4 + #5]/#6]。

2.3 非圆曲线零件的编程

1. 右端面加工程序

加工零件右端面编程坐标系如图 5-8 所示,零件右端面加工程序与说明见表 5-12。

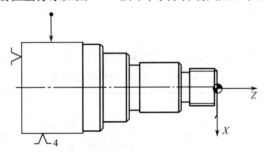

图 5-8 零件图右端面编程坐标系

表 5-12 零件右端面加工程序与说明

程序			
FANUC 系统	程序说明	华中系统	程序说明
O0061;	程序名	%0061	程序名
T0101;	设立坐标系,选1号刀	N01 T0101	设立坐标系,选1号刀
M03 S1000;	主轴以 1000r/min 正转	N02 M03S1000	主轴以 1000r/min 正转
G00 X42.0 Z5.0;	刀具到循环起点位置	N03 G00 X100 Z100	刀具到循环起点位置
G71U1.5 R1.0;	粗切削循环,粗切量1.5,精切量 X0.5,Z0.1	N04 G00 X42Z5	粗切削循环,粗切量1.5,精切量 X0.5,Z0.1

(续)

程 序			
FANUC 系统	程序说明	华中系统	程序说明
G71 P05 Q18 X0.5 Z0.1 F0.2;	粗切削循环,粗切量1.5,精切量X0.5,Z0.1	N05 G71U1.5R1P06 Q19 X0.5Z0.1F150	粗切削循环,粗切量1.5,精切量X0.5,Z0.1
G01 X0 F0.15;	精加工程序起始行	N06 G01X0F100 S1600	精加工程序起始行
Z0;		N07 Z0	
G01 X13.9;		N08 G01X13.9	
G01 X15.9 Z−1.0;		N09 G01X15.9Z−1	
Z−16.0;		N10 Z−16	
G01 X18.0;		N11 G01 X20	
X20.0 Z−17.0;		N12 X22 Z−17	
Z−40.0;		N13 Z−40	
X28.0;		N14 X28	
X30.0 Z−41.0;		N15 X30 Z−41	
Z−52.0;		N16 Z−52	
X36.0;		N17 X36	
X38.0 Z−53.0;		N18 X38 Z−53	
Z−65.0;	精加工程序结束行	N19 Z−65	精加工程序结束行
S1600;	精加工转速		精加工转速
G70 P05 Q18 F100;	精加工零件		精加工零件
G00 X100.0 Z150.0;		N20 G00 X100 Z150	
T0202;	换切槽刀	N21 T0202	换切槽刀
M03 S400;		N22 M03 S800	
G00 X25.0 Z−16.0;		N23 G00 X25 Z−16	
G01 X13.0 F30;		N24 G01 X13 F80	
X25.0 F200;		N25 X25 F200	
Z−40.0;		N26 Z−40	
X20.0 F30;		N27 X20 F80	
X24.0 F200;		N27 X24	
Z−39.0;		N29 Z−39	
X20.0 F30;		N30 X20	
X24.0;		N31 X24	
G00 X100.0 Z150.0;		N32 G00 X100 Z150	
T0303;	换螺纹刀	N33 T0303	换螺纹刀
M03 S1000;		N34 M03 S1000	
G00 X18.0 Z5.0;		N35 G00 X18 Z5	
G92 X15.1 Z−13.0 F2.0;	加工螺纹	N36 G82 X15.1 Z−13 F2	加工螺纹

199

(续)

程 序			
FANUC 系统	程序说明	华中系统	程序说明
G92 X14.5 Z-13.0 F2.0;		N37 G82 X14.5 Z-13 F2	
G92 X14.0 Z-13.0 F2.0;		N38 G82 X14.0 Z-13 F2	
G92 X13.5 Z-13.0 F2.0;		N39 G82 X13.5 Z-13 F2	
G92 X13.4 Z-13.0 F2.0;		N40 G82 X13.4 Z-13 F2	
G00 X100.0 Z150.0;	快速退刀到安全位置	N41 G00X100Z150	快速退刀到安全位置
M30;	程序结束并复位	N43 M30	程序结束并复位

2. 左端面加工程序

加工零件左端面编程坐标系如图5-9所示,零件左端面加工程序与说明见表5-13。

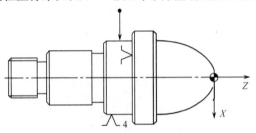

图5-9 零件图左端面编程坐标系

表5-13 零件左端面加工程序与说明

程 序			
FANUC 系统	程序说明	华中系统	程序说明
O0061;	程序名	%0062	程序名
T0101;	换外圆车刀,建立刀具长度补偿,建立工件坐标系	N01 T0101	设立坐标系,选1号刀
G96 M03 S150;	恒线速度控制	N02 M03 S1000	主轴以1000r/min 正转
G50 S3000;	最高转速控制	N03 G00 X100 Z200	定义起刀点
G0X40.0 Z90.0;	到达切削端面的始点,主轴正转	N04 G00 X52 Z92	刀具到循环起点位置
#10=15.0;	定义X变量	N05 G71U1.5R1P05Q12X0.5 Z0.5F150	粗切削循环,粗切量1.5,精切量X0.5,Z0.5
WHILE [#10 GE 0] DO1;	判断X是否为0	S1600	
#11=25.0 * SQRT [225.0-#10 * #10]/15.0;	椭圆表达式,定义Z变量	N06 G01X0F100	
G98 G01 X[2.0 * #10 +0.3]F150;	X方向进刀	N07 Z87	

(续)

程 序			
FANUC 系统	程序说明	华中系统	程序说明
Z[#11+0.05+62.0];	Z方向进行切削加工	N08 #10 = 25	定义Z变量
U2.0;	X方向退刀	N09 WHILE #10 GE 0	椭圆循环开始,若长轴小于等于25时执行循环体
Z90.0;	Z方向返回加工起点	N10 #11 = 3 * SQRT [625 - #10 * #10]/5	椭圆方程
#10 = #10 - 0.3;	X方向的进刀量	N11 G01 X[2 * #11] Z[#10 + 62]	加工椭圆
END1;	循环体结束	N12 #10 = #10 - 0.2	Z轴增量
#11 = 25.0;	精车开始,定义Z变量	N13 ENDW	椭圆循环结束
WHILE [#11 GE 0] DO1;	循环体开始,判断Z是否为0	N14 G01 X36	
#10 = 15.0 * SQRT [625.0 - #11 * #11]/25.0;	椭圆表达式,定义X变量	N15 X38 Z61	
G01 X[2.0 * #10] Z[#11 + 62.0] F100;	椭圆精加工	N16 G00X100Z200	快速退刀到安全位置
#11 = #11 - 0.08;	Z方向的加工量	N17 M30	程序结束并复位
END1;	循环体结束		
G01X36.0;			
X40.0 Z61.0;	加工倒角		
G00 X100.0 Z150.0;	退刀		
M30;			

任务三 非圆曲线零件的加工实施

知识与技能点

- 掌握非圆曲线零件的测量方法;
- 能正确分析非圆曲线零件出现的误差。

3.1 非圆曲面测量工具及测量方法

非圆曲面的常用检测方法是采用三坐标测量机进行检测。先在CAD软件里用相关命令在曲面数模上生成截面线和点的坐标,以此作为理论值,控制测量机到对应的位置,进行检测,并比较坐标值的偏离。

3.2 误差分析

非圆曲线,包括解析曲线与像列表曲线那样的非解析曲线,对于手工编程来说,一般解决的是解析曲线的加工,为此,主要对解析曲线的加工误差进行分析。解析曲线的数学

表达式可以是以 $y=f(x)$ 的笛卡儿坐标形式给出，也可以是以 $\rho=\rho(\theta)$ 的极坐标形式给出，还可以以参数方程的形式给出。通过坐标变换，后面两种形式的数学表达式可以转换为笛卡儿坐标表达式。这类零件以各种以非圆曲线为母线的回转体零件为主。

在编程时，首先应决定是采用直线段逼近非圆曲线，还是采用圆弧段逼近非圆曲线。采用直线段逼近非圆曲线，各直线段间连接处存在尖角。由于在尖角处，刀具不能连续地对零件进行切削，零件表面会出现硬点或切痕，使加工表面质量变差。采用圆弧段逼近的方式，可以大大减少程序段的数量。这种方式分为两种情况，一种为相邻两圆弧段间彼此相交；另一种则采用彼此相切的圆弧段来逼近非圆曲线。后一种方式由于相邻的圆弧彼此相切，一阶导数连续，工件表面整体光滑，从而有利于提高加工表面质量。但无论哪种情况都应使 $\delta \leq \delta'$（允许误差）。由于在实际的手工编程中主要采用直线逼近法，所以本书主要对直线逼近法进行误差分析。

目前，采用直线段逼近非圆曲线的方法主要有等间距法、等步距法和等插补误差法。

1. 等间距法

1) 基本原理

等间距法就是将某一坐标轴划分成相等的间距。如图 5-10 所示，沿 X 轴方向取 Δx 为等间距长，根据已知曲线的方程 $y=f(x)$，可由 x_i 求得 y_i，$y_{i+1}=f(x_i+\Delta x)$。如此求得的一系列点就是节点。

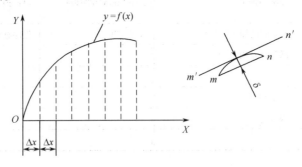

图 5-10 等间距法直接逼近

由于要求曲线 $y=f(x)$ 与相邻两节点连线间的法向距离小于允许的程序编制误差 δ'，因此，Δx 值不能任意设定，若设置得大了，就不能满足这个要求，一般先取 $\Delta x=0.1$ 进行试算。实际处理时，并非任意相邻两点间的误差都要验算，对于曲线曲率半径变化较小处，只需验算两节点间距离最大处的误差；而对曲线曲率半径变化较大处，应验算曲率半径较小处的误差，通常由轮廓图形直接观察确定校验的位置。

2) 误差校验方法

如图 5-11 所示，假设需校验 mn 曲线段。

已知：m 点坐标为 (x_m,y_m)，n 点坐标为 (x_n,y_n)，则 m、n 两点的直线方程为

$$\frac{x-x_n}{y-y_n}=\frac{x_m-x_n}{y_m-y_n}$$

令 $A=y_m-y_n$，$B=x_n-x_m$，$C=x_ny_m-x_my_n$，则 $Ax+By=C$ 即为过 mn 两点的直线方程，与 mn 距离为 δ 的等距线 $m'n'$ 的直线方程可表示如下：

$$Ax+By=C\pm\delta\sqrt{A^2+B^2}$$

式中,当所求直线 $m'n'$ 在 mn 上边时,取"+"号,在 mn 下边时取"-"号。δ 为 $m'n'$ 与 mn 两直线间的距离。

求解联立方程:

$$\begin{cases} Ax + By = C \pm \delta \sqrt{A^2 + B^2} \\ y = f(x) \end{cases}$$

求解得出 δ。要求 $\delta \leq \delta'$,一般 δ 允许取零件公差的 0.1~0.2。

2. 等步距法

等步距法就是使每个程序段的线段长度相等,如图 5-11 所示,由于零件轮廓曲线 $y = f(x)$ 的曲率各处不等,因此,首先应求出该曲线的最小曲率半径 $R_{\min}$,由 $R_{\min}$ 及步距确定 $\delta_{允}$。

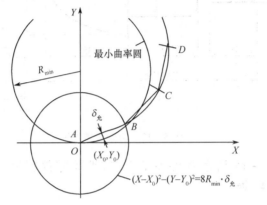

图 5-11 等步距法直接逼近

思考与练习

1. 编制如图 5-12 所示零件加工工艺,编写零件程序并完成加工,毛坯尺寸 $\phi 35 \times 68$ mm,材料 45 钢。

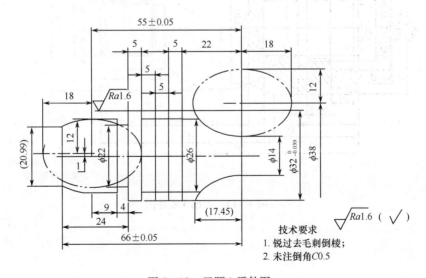

图 5-12 习题 1 零件图

2. 编制如图 5-13 所示零件加工工艺，编写零件程序并完成加工，毛坯尺寸 $\phi52\times92$mm，材料 45 钢。

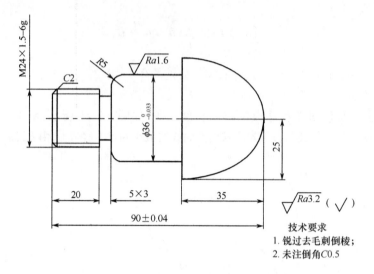

图 5-13 习题 2 零件图

3. 编制如图 5-14 所示零件加工工艺，编写零件程序并完成加工，毛坯尺寸 $\phi50\times100$mm，材料 45 钢。

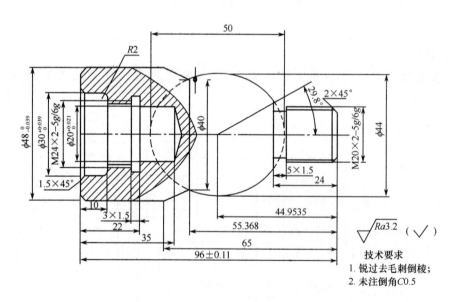

图 5-14 习题 3 零件图

模块六 孔类零件的车削加工

任务描述

完成如图 6-1 所示孔类零件的加工(该零件为小批量生产,毛坯尺寸为 φ92×36,材料为 45 钢)。

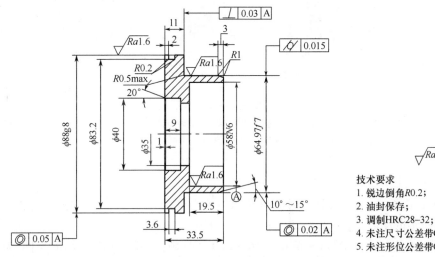

图 6-1 孔类零件加工任务图

任务一 孔类零件车削加工工艺

知识与技能点

- 能合理地选择内孔加工刀具;
- 掌握内孔工艺分析及内孔工艺编制;
- 能合理地选择内孔加工刀具的切削参数。

1.1 常用内孔零件车削加工刀具

孔加工刀具按其用途可分为两大类:一类是钻头,主要用于在实心材料上钻孔(有时也用于扩孔),根据钻头构造及用途不同,又可以分为麻花钻、中心钻及深孔钻等;另一类是对已有孔进行再加工的刀具,如扩孔钻、铰刀及镗刀等。

1.1.1 麻花钻

麻花钻是一种形状复杂的孔加工刀具,其应用较为广泛,常用来钻削精度较低和表面较粗糙的孔。用高速钢麻花钻加工的孔精度可达 IT11~IT13,表面粗糙可达

$Ra6.3\sim12.5$；用麻花钻加工时则分别可达 IT10~IT11 和 $Ra3.2\sim12.5$。标准的麻花钻如图6-2所示。

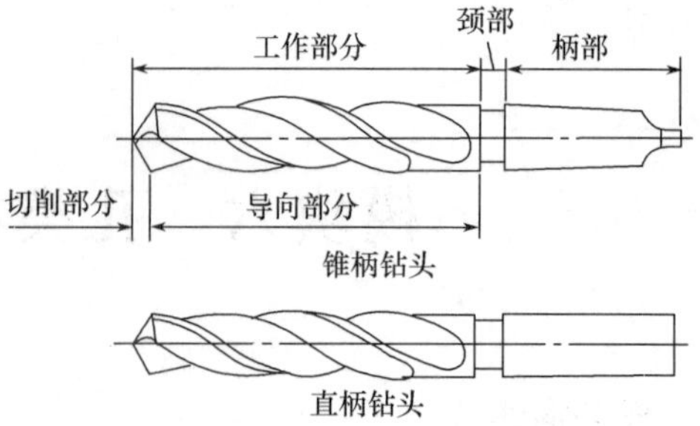

麻花钻的装夹方法，按其柄部的形状不同而异。锥柄麻花钻可以直接装入车床尾座锥孔内，较小的钻头可用过渡套筒安装，如图6-3(a)所示。直柄钻头用钻夹头安装，钻夹头结构如图6-3(b)所示。

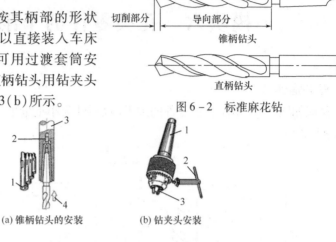

图6-2 标准麻花钻

(a) 锥柄钻头的安装　　(b) 钻夹头安装

图6-3 钻头的装夹

1—过渡锥度套筒；2—锥孔；3—钻床主轴；4—安装时将钻头向上推压。
1—锥柄；2—紧固扳手；3—自动定心夹爪。

1.1.2 中心钻

中心钻用于加工中心孔，有三种类型。

A型：不带护锥的中心钻，如图6-4(a)所示。加工直径 $d=1\sim10$mm 的中心孔时，通常采用不带护锥的中心钻(A型)。

B型：带护锥的中心钻，如图6-4(b)所示。对于工序较长、精度要求较高的工件，为了避免60°定心锥被损坏，一般采用带护锥的中心锥(B型)。

R型：适用于加工R型中心孔的弧形中心钻。如图6-4(c)所示，用R型中心钻加工出的R型中心孔定位精度高，且能起自动定位作用。

1.1.3 深孔钻

深径比(孔深与孔径比)在5~10范围内的孔为深孔，加工深孔可用深孔钻。深孔钻的结构有多种，常用的主要有外排屑深孔钻，如图6-5所示。

1.1.4 扩孔钻

扩孔钻用于将现有孔扩大，一般加工精度可达IT10-IT11，表面粗糙度可达 $Ra3.2-12.5$，通常作为孔的半精加工刀具。

扩孔钻的类型主要有两种，即整体锥柄扩孔钻和套式扩孔钻，如图6-6所示。

1.1.5 镗刀

镗刀用于扩孔或孔的粗、精加工。镗刀能修正钻孔、扩孔等工序所造成的轴线歪曲、偏斜等缺陷，故特别适用于要求孔距很准确的孔系加工。镗刀可加工不同直径的孔。镗孔又分为镗通孔和镗盲孔。通孔镗刀切削部分的几何形状与外圆车刀相似，如图6-7(a)所示。为了减小径向切削抗力，防止车孔时振动，主偏角应取得大些，一般在60°~75°之间，副偏角一般为15°~30°，为防止内孔镗刀后刀面和孔壁摩擦又不使后角磨得太大，一般磨成两个后角，刃倾角取正值。盲孔镗刀用来车削盲孔或台阶孔，如

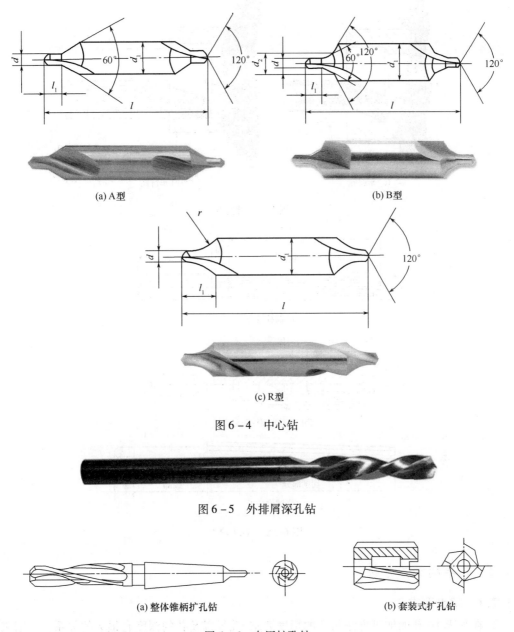

(a) A型

(b) B型

(c) R型

图6-4 中心钻

图6-5 外排屑深孔钻

(a) 整体锥柄扩孔钻   (b) 套装式扩孔钻

图6-6 专用扩孔钻

图6-7(b)所示。切削部分形状基本与偏刀相似,它的主偏角大于90°,一般为92°~95°,后角的要求和通孔镗刀一样,不同之处是盲孔镗刀的刀尖到刀杆外端的距离 a 小于孔半径 R,否则无法镗平孔的底面。

1.1.6 铰刀

铰刀用于中小型孔的半精加工和精加工,也常用于磨孔或研孔的预加工。铰刀的齿数多、导向性好、刚性好、加工余量小、工作平稳,一般加工精度可达 IT5~IT8,表面粗糙可 $Ra0.4~1.6$。铰刀种类如图6-8所示。

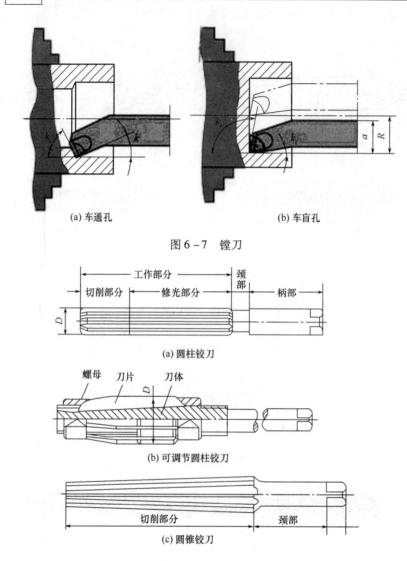

图 6-7 镗刀

图 6-8 手动铰刀

1.2 孔车削加工分析

1.2.1 精度要求

在车床中,孔的加工方法与孔的精度要求、孔径以及孔的深度有很大的关系。一般来讲,在精度等为IT12、IT13时,一次钻就可以实现。在精度等级为IT11时,孔径小于等于10mm,采用一次钻孔方式;当孔径为10～30mm时,采用钻孔和扩孔方式;孔径为30～80mm时,采用钻孔、扩钻、扩孔刀或车刀镗孔方式。在精度等级为IT10、IT9时,孔径小于或等于10mm,采用钻孔以及铰孔方式;当孔径为10～30mm时,采用钻孔、扩孔和铰孔方式;孔径为30～80mm时,采用钻孔、扩孔、铰孔或者用扩孔刀镗孔方式。在精度等级要求为IT8、IT7时,孔径小于等于10mm,采用钻孔及一次或二次铰孔方式;当孔径为10～30mm时,采用钻孔、扩孔一次或二次铰孔方式;当孔径为30～80mm时,采用钻孔、扩孔(或者用扩孔刀镗孔)以及一次或二次铰孔方式。

除此之外,孔的加工要求还与孔的位置精度有关。当孔的位置精度要求较高时,可以通过在车床上镗孔实现。在车床上镗孔时合理安排孔的加工路线比较重要,安排不当就可能把坐标轴的反向间隙带入到加工中,从而直接影响孔的位置精度。

1.2.2 内孔的车削方法

车孔是常用的孔加工方法之一,可用作粗加工及精加工。精车孔通常尺寸精度可达 IT7~IT8,表面粗糙度可达 $Ra0.8 \sim Ra1.6$。

1. 内孔车刀的安装

内孔车刀安装的正确与否,直接影响到车削情况及孔的精度,所以在安装内孔时一定要注意:

(1) 刀尖应与工件中心等高或稍高。

(2) 刀杆伸出长度不宜过长,一般比被加工孔长 5~6mm。

(3) 刀杆基本平等于工件轴线,否则在车削到一定深度时,刀杆后半部分容易碰到工件孔口。

2. 内孔车削的关键技术

内孔车削的关键技术是解决内孔车刀的刚性和排屑问题。

1) 增加内孔车刀刚性的措施

(1) 尽量增加刀柄的截面积,通常车刀的刀尖位于刀杆的上面,这样刀杆的截面积较小,还不到孔截面积的 1/4,若使内孔车刀的刀尖位于刀杆的中心线上,那么刀杆在孔中的截面积可大大增加。

(2) 尽可能缩短刀杆的伸出长度,以增加车刀刀杆刚性,减小切削过程中的振动。

2) 解决排屑问题

主要是控制切屑流出方向。精车孔时要求切屑流向待加工表面(前排屑)。为此,采用正刃倾角的内孔车刀;加工盲孔时,应采用负刃倾角,使切屑从孔口排出。

1.2.3 孔类零件加工中的主要工艺问题

一般孔类零件在机械加工中的主要工艺问题是保证内外圆的相互位置精度(保证内、外圆表面的同轴度以及轴线与端面的垂直度要求)和防止变形。

1. 保证相互位置精度

保证内外圆表面间的同轴度以及轴线与端面的垂直度要求,通常可采用下列三种工艺方案。

(1) 在一次安装中加工内外圆表面与端面。这种工艺方案由于消除了安装误差对加工精度的影响,因而能保证较高的相互位置精度。在这种情况下,影响零件内外圆表面间的同轴度和孔轴线与端面的垂直度的主要因素是机床精度。该工艺方案一般用于零件结构允许在一次安装中,加工出全部有位置精度要求的表面的场合。如图 6-9 所示,用棒料毛坯的加工该衬套的工艺过程如下:

① 加工端面、粗加工外圆表面,粗加工孔。

② 精加工外圆、精加工孔、倒角、切断。

③ 加工另一端面、倒角外圆表面。

(2) 全部加工分在几次安装中进行,先加工孔,然后以孔为定位基准加工外圆表面。用这种方法加工套筒,由于孔精加工常采用拉孔、滚压孔等工艺方案,生产效率较高,同时

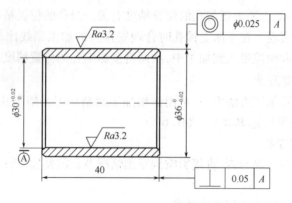

图 6-9 衬套工艺过程

可以解决镗孔和磨孔时因镗杆、砂轮杆刚性差而引起的加工误差。当以孔为基准加工套筒的外圆时,常用刚度较好的小锥度心轴安装工件。小锥度心轴结构简单,易于制造,心轴用两顶尖安装,其安装误差很小,因此可获得较高的位置精度。

(3) 全部加工分在几次安装中进行,先加工外圆,然后以外圆表面为定位基准加工内孔。这种工艺方案,如用一般三爪自定心卡盘夹紧工件,则因卡盘的偏心误差较大会降低工件的同轴度,故需采用定心精度较高的夹具,以保证工件获得较高的同轴度。较长的套筒一般多采用这种加工方案。

2. 防止变形的方法

薄壁套筒在加工过程中,往往由于夹紧力、切削力和切削热的影响而引起变形,致使加工精度降低。需要热处理的薄壁套筒,如果热处理工序安排不当,也会造成不可校正的变形。防止薄壁套筒的变形,可以采取以下措施:

1) 减小夹紧力对变形的影响

(1) 夹紧力不宜集中于工件的某一部分,应使其分布在较大的面积上,以使工件单位面积上所受的压力较小,从而减少其变形。同时软卡爪应采取自镗的工艺措施,以减少安装误差,提高加工精度。如图 6-10 所示是用开缝套筒装夹薄壁工件,由于开缝套筒与工件接触面大,夹紧力均匀分布在工件外圆上,不易产生变形。当薄壁套筒以孔为定位基准时,宜采用张开式心轴。

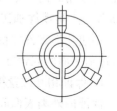

图 6-10 薄壁工件装夹

(2) 采用轴向夹紧工件的夹具。例如,通过螺母端面沿轴向夹紧,使得其夹紧力产生的径向变形极小。

(3) 在工件上做出加强刚性的辅助凸边,当加工结束时,将凸边切去。

2) 减少切削力对变形的影响

常用的方法有下列几种:

(1) 减小径向力,通常可借助增大刀具的主偏角来达到。

(2) 内外表面同时加工,使径向切削力相互抵消。

(3) 粗、精加工分开进行,使粗加工时产生的变形能在精加工中得到纠正。

3) 减少热变形引起的误差

工件在加工过程中受切削热后要膨胀变形,从而影响工件的加工精度。为了减少热变形对加工精度的影响,应在粗、精加工之间留有充分冷却的时间,并在加工时注入足够的切削液。

热处理对套筒变形的影响也很大,除了改进热处理方法外,在安排热处理工序时,应安排在精加工之前进行,以使热处理产生的变形在以后的工序中得到纠正。

1.3 孔的车削加工工艺制订

1.3.1 零件图工艺分析

1. 加工内容及技术要求

该零件主要加工要素为内孔:$\phi 58 N6({}_{-0.033}^{-0.014})$、$\phi 35$ 和 $\phi 40$,外圆尺寸:$\phi 64.97 f7({}_{-0.06}^{-0.03})$ 和 $\phi 88 g8({}_{-0.066}^{-0.012})$;槽 $\phi 83.2 \times 3.6$,并保证总长为 36。

零件尺寸标注完整、无误,轮廓描述清晰,技术要求清楚明了。

零件毛坯为棒料,毛坯尺寸为 $\phi 92 \times 36$ 的 45 钢,进行调质热处理要求。

未注倒角按 $R0.2$ 加工,未注尺寸公差带 GB/T 1804—M,未注形位公差带 GB/T 1184 – H 级。

2. 零件加工要求

(1) 零件的尺寸公差分析:根据图 6 – 1 可知该零件内孔 $\phi 58$ 的公差为上偏差 – 0.014,下偏差 – 0.033;$\phi 64.97$ 的外圆尺寸公差为上偏差 – 0.03,下偏差 – 0.06;$\phi 88$ 的外圆尺寸公差为上偏差 – 0.012,下偏差 – 0.066。

(2) 零件的形位公差分析:$\phi 64.97$ 的外圆轴线相对基准 A($\phi 58$ 内孔轴线)同轴度公差 0.02,$\phi 88$ 的外圆轴线相对基准 A($\phi 58$ 内孔轴线)同轴度公差 0.05;$\phi 64.97$ 的端面相对基准 A($\phi 58$ 内孔轴线)垂直度公差 0.03;$\phi 64.97$ 的外圆圆柱度公差 0.015。

(3) 零件表面粗糙度分析:表面粗糙度是保证零件表面微观精度的重要要求,也是合理选则机床,刀具和确定切削用量的依据。从零件图样可知:$\phi 58 N6({}_{-0.033}^{-0.014})$ 的内孔和 $\phi 64.97 f7({}_{-0.06}^{-0.03})$ 外圆、$\phi 88 g8({}_{-0.066}^{-0.012})$ 的外圆表面粗糙度要求为 $Ra1.6$,其余表面质量要求 $Ra6.3$。

3. 各结构的加工方法

由于该零件毛坯为棒料、小批量生产,首先用中心钻钻中心孔,再用钻头钻孔、扩孔,粗车内孔和外圆;然后进行调质处理;最后精车内孔和外圆。

1.3.2 机床选择

根据零件的结构特点及加工要求,选择在 CKA6140VA 数控车床上进行加工。

1.3.3 装夹方案的确定

根据零件是棒料的结构特点,采用三爪的装夹方式,夹持 $\phi 88 g8$ 外圆,以左端面定位,调头崩 $\phi 58 N6$ 内孔,以右端面定位,装夹示意图如图 6 – 11 所示。

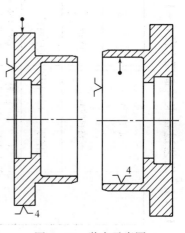

图 6 – 11 装夹示意图

1.3.4 工艺过程卡片制定(表 6-1)

表 6-1 零件机械加工工艺过程卡

(工厂)		机械工艺过程卡			产品型号		零件图号			共1页	第1页
					产品名称		零件名称				
材料牌号	45钢	毛坯种类	棒料	毛坯外形尺寸	φ92×36	每毛坯可制件数	1	每台件数	前端盖	备注	
工序号	工序名称	工序内容					车间	工段	设备	工艺装备	工时/min
											准终 | 单件
1	备料	备 φ92×36 的 45 钢棒料							锯床		
2	数车	粗车 φ64.9717 外圆、端面,粗车 φ58N6 内孔、端面 调头粗车 φ88g8 外圆、端面,粗车 φ41.9 和 φ35 内孔、端面							CAK6140VA	三爪卡盘	
3	热处理	调质									
4	数车	精车 φ64.9717 外圆、端面,精车 φ58N6 内孔、端面 调头精车 φ88g8 外圆、端面,精车 φ41.9 和 φ35 内孔、端面							CAK6140VA	三爪卡盘	
5	钳	去毛刺									
6	检验	按图样检查零件尺寸及精度									
7	入库	油封入库									
									设计 (日期)	审核 (日期)	标准化 (日期)	会签 (日期)
标记	处数	更改文件号	签字	日期	标记	处数	更改文件号	签字	日期		

212

1.3.5 加工顺序的确定

按照先粗后精的原则,夹 $\phi 88g8$ 外圆,以左端面定位,用 A3 中心钻打中心孔,然后用 $\phi 10$ 或 $\phi 12$ 的钻头钻通孔,用 $\phi 25$ 的钻头扩孔;粗加工外圆、内孔及端面,最后精加工 $\phi 64.97f7$ 外圆和 $\phi 58N6$ 的内孔。调头用软爪崩 $\phi 58N6$ 内孔,以端面定位,粗、精加工 $\phi 88g8$ 外圆、端面;粗、精加工 $\phi 41.9$ 和 $\phi 35$ 内孔。

1.3.6 刀具与量具的确定

根据零件加工要素选用合适的刀具,具体刀具型号见表 6-2。

该零件测量要素类型较多,需选用多种量具,具体量具型号见表 6-3。

表 6-2 数控加工刀具卡片(参考)

产品名称或代号			零件名称	传动轴	零件图号		备注
工步号	刀具号	刀具名称	刀具规格		刀具材料		
1		中心钻	A3		硬质合金		
2		钻头	$\phi 10$、$\phi 12$、$\phi 25$		高速钢		
3	T01	外圆车刀	93°		硬质合金刀片		
4	T02	内孔车刀	90°		硬质合金刀片		
编制		审核		批准		共 页第 页	

表 6-3 量具卡片(参考)

产品名称或代号		零件名称	前端盖	零件图号	
序号	量具名称	量具规格		精度	数量
1	游标卡尺	0~150mm		0.02mm	1 把
2	外径千分尺	50~75mm		0.01mm	1 把
3	外径千分尺	75~100mm		0.01mm	1 把
4	内径千分尺	50~75mm		0.01mm	1 把
5	塞规	$\phi 58N6(^{-0.014}_{-0.033})$			1 个
6	粗糙度样板				1 套
编制		审核		批准	共 页第 页

1.3.7 数控车削加工工序卡片

制定零件数控车削加工工序卡见表 6-4、表 6-5。

表 6-4 零件数控车削加工工序卡 1

(工厂)	数控加工工序卡		产品型号		零件图号			共 4 页	第 1 页
			产品名称		零件名称	传动轴		材料牌号	
			车间	工序号	工序名称				
				2	数车			45 钢	
			毛坯种类	毛坯外形尺寸	每毛坯可制件数		每台件数		
			棒料	φ92×36	1				
			设备名称	设备型号	设备编号		同时加工件数		
			数控车床	CAK6140VA					
			夹具编号		夹具名称		切削液		
					三爪卡盘				
			工位器具编号		工位器具名称		工序工时		
							准终		单件
工步号	工步名称	工艺装备	主轴转速/(r/min)	切削速度/(m/min)	进给量/(mm/r)	背吃刀量/mm	进给次数	工时	
								机动	单件
1	用 A3 中心钻钻中心孔	A3 中心钻	1500	手动	手动	手动			
2	钻 φ12 的孔	φ12	500	手动	手动	手动			
3	扩 φ25 的孔	φ25	300	手动	手动	手动			
4	粗车右端外圆、端面,外圆保证 φ66,长度保证 35 和 22	93°外圆车刀	600	167	0.15	1.5			
5	粗车内孔 φ34 和 φ57×19	90°内孔车刀	600	167	0.15	1.0			
						设计(日期)	审核(日期)	标准化(日期)	会签(日期)
标记	处数	更改文件号	签字	日期	标记	处数	更改文件号	签字	日期

描图
描校
底图号
装订号

(续)

（工厂）	数控加工工序卡		产品型号		零件图号			共 4 页	第 2 页
			产品名称		零件名称	传动轴		材料牌号	45 钢
			车间	工序号	工序名称				
				2	数车				
			毛坯种类	毛坯外形尺寸	每毛坯可制件数		同时加工件数		每台件数
			棒料	φ92×36	1				
			设备名称	设备型号	设备编号	夹具名称	切削液		
			数控车床	CAK6140VA		三爪卡盘			
				夹具编号	工位器具编号	工位器具名称	工序工时		
							准终		单件
工步号	工步名称	工艺装备	主轴转速 /(r/min)	切削速度 /(m/min)	进给量 /(mm/r)	背吃刀量 /mm	进给次数	工时	
								机动	单件
6	调头用软爪崩内孔，粗车外圆、端面，外圆车到 φ89，长度保证 34.5	93°外圆车刀	600	167	0.15	1.5			
7	粗车内孔，端面，内孔车到 φ40，长度保证 9	90°内孔车刀	600	167	0.15	1			
					设计 （日期）	审核 （日期）	标准化 （日期）	会签（日期）	
描图									
描校									
底图号	标记	处数	更改文件号	签字	日期	标记	处数	更改文件号	签字 日期
装订号									

表 6-5 零件数控车削加工工序卡 2

(工厂)	数控加工工序卡		产品型号		零件图号			共 4 页	第 3 页
			产品名称		零件名称	传动轴			
			车间	工序号	工序名称		材料牌号		
				3	数车		45 钢		
			毛坯种类	毛坯外形尺寸	每毛坯可制件数		每台件数		
			棒料	φ92×36	1				
			设备名称	设备型号	设备编号	夹具名称		同时加工件数	
			数控车床	CAK6140VA		三爪卡盘			
				夹具编号		工位器具名称		切削液	
						工位器具编号		工序工时	
								准终	单件
工步号	工步名称	工艺装备	主轴转速 /(r/min)	切削速度 /(m/min)	进给量 /(mm/r)	背吃刀量 /mm	进给次数	工时	
								机动	单件
1	精车右端面,φ64.97$_{-0.06}^{-0.03}$外圆,锥面,R1圆角至图纸,保证长度34,22.5至图纸精度要求	93°外圆车刀	1500	165	0.2	0.5			
2	精车φ58$_{-0.033}^{-0.014}$内孔,端面,保证长度19.5,精车φ35的通孔,R3圆角至图纸精度要求	90°内孔车刀	1500	165	0.15	0.5			
							设计(日期)	审核(日期)	标准化(日期)	会签(日期)
标记	处数	更改文件号	签字	日期	标记	处数	更改文件号	签字	日期
描图									
描校									
底图号									
装订号									

(续)

（工厂）	数控加工工序卡		产品型号		零件图号			共4页	第4页
			产品名称		零件名称	传动轴		材料牌号	45钢
			车间	工序号 3	工序名称 数车				
			毛坯种类 棒料	毛坯外形尺寸 φ92×36	每毛坯可制件数 1			每台件数	
			设备名称 数控车床	设备型号 CAK6140VA	设备编号			同时加工件数	
			夹具编号		夹具名称 三爪卡盘			切削液	
			工位器具编号		工位器具名称			工序工时 准终 | 单件	

工步号	工步名称	工艺装备	主轴转速 /(r/min)	切削速度 /(m/min)	进给量 /(mm/r)	背吃刀量 /mm	进给次数	工时 机动|单件
3	调头镗φ58内孔，精车端面，保证长度33.5，精车φ88$_{-0.066}^{-0.012}$外圆	93°外圆车刀	1500	165	0.2	1		
4	切3.6×2.4外槽	切槽刀	300	15	0.05	2.4		
5	精车内孔，端面，保证内孔φ40，保证长度9，倒锥角及R0.3的内圆角	90°内孔车刀	1500	165	0.2	0.5		

				设计 （日期）	审核 （日期）	标准化 （日期）	会签（日期）
描图							
描校							
底图号							
装订号							
标记	处数	更改文件号	签字	日期	标记	处数	更改文件号	签字	日期

任务二 孔的车削加工编程

知识与技能点
- 掌握 G71 指令内孔编程格式；
- 应用 G71 指令进行内孔编程。

2.1 FANUC 系统编程指令

1. 指令功能
CNC 系统根据加工程序所描述的轮廓形状和 G71 指令参数自动生成加工路径，适用于棒料毛坯外圆或内径的粗车。

2. 编程格式
G71 U(Δd) R(e)；
G71 P(ns) Q(nf) U(Δu) W(Δw) F(f) S(s) T(t)；

3. 指令说明
（1）Δu：x 方向精加工余量（直径值，加工内孔时 Δu 为负值）。
（2）其余的参数与模块三所述一致，即：
G71 U R；
G71 PQ U($-\Delta u$) W(Δw) F；

例 6.1 加工如图 6-12 所示零件，毛坯尺寸 $\phi 92 \times 36$，材料 45 钢，坐标系选在工件右端面中心，编制右端外圆和内孔的程序（表 6-6）。

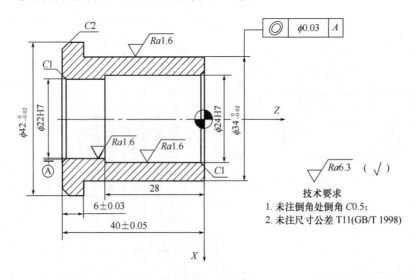

图 6-12 零件图

表6-6 零件右端面加工程序(FANUC系统)与说明

程 序	程 序 说 明
O0001;	程序名
T0101;	设立坐标系,选1号刀,1号刀补
M03 S800;	主轴以800r/min正转
G00 X100.0 Z100.0;	快速定位安全点
X45.0 Z5.0; G71 U1.5 R0.5;	刀具到循环起点位置
G71 P05 Q10 U0.5 W0.1 F0.2;	粗切削循环,粗切量1.5,精切量X0.5,Z0.1
N05 G01 X0 F0.15;	加工程序起始行,刀具至轴心延长线上
Z0;	到端面中心
G01 X34.0 F0.15;	加工端面
Z-34.0;	加工φ34外圆
X42.0;	加工Z-34台阶面
N10 X45.0;	加工程序结束行,退刀
S1200;	变速精车主轴以1200r/min正转
G70 P05 Q10;	精加工轮廓
G00 X100.0 Z200.0;	快速退刀到安全位置
T0303;	调用3号刀具,3号刀补,建立工件坐标系
M03 S800;	主轴以800r/min正转
X19.0 Z5.0;	刀具到循环起点位置
G71 U1.0 R0.5; G71 P15 Q20 U-0.5 W0.1 F0.15;	粗切削循环,粗切量1.5,精切量X0.5,Z0.1
N15 G01 X26.0 F0.1;	加工程序起始行
Z0;	端面
X24.0 Z-1.0;	加工C1倒角
Z-28.0;	镗φ24阶梯孔
X22.0;	加工Z-28阶梯孔面
Z-41.0;	镗φ22孔
N20 X19.0;	加工程序结束行
M03 S1200;	主轴以1200r/min正转
G70 P15 Q20;	精加工循环
G00 X100.0 Z200.0;	刀具移至安全位置
M30;	程序结束

2.2 华中系统编程指令

(1)指令功能:内/外径粗车复合循环指令。

(2)编程格式:

G71 U(Δd)_ R(r)_ P(ns)_ Q(nf)_ X(Δx)_ Z(Δz)_ F_

(3) 指令说明：

①(Δx) X 方向精加工余量(直径值,加工内孔时 ΔX 为负值);

②其余的参数与模块三所述一致,即

G71 U_ R_ P_ Q_ X(-Δx)_ Z(Δz)_ F_

例 6.2 加工如图 6-12 所示零件,毛坯尺寸 φ92×36,材料 45 钢,坐标系选在工件右端面中心,编写右端面外圆和内孔的程序(表 6-7)。

表 6-7 零件右端面外圆和内孔加工程序(华中系统)与说明

程序	程序说明
%0001;	程序名
T0101;	建立工件坐标系,选 1 号刀,1 号刀补
M03 S800;	主轴以 800r/min 正转
G00 X100 Z100;	刀具定位到起刀点
G00 X46 Z2;	刀具到循环起点位置
G71U1.5R1P01 Q02 X0.5Z0.1 F150;	粗切削循环,粗切量 1.5,精切量 X0.5,Z0.1
M03 S1500;	主轴以 1500r/min 正转
N01 G01X17 F100;	精加工程序起始行,刀具至 X17 处
Z0;	到端面编程原点处
G01 X32;	精加工端面
X34 Z-1;	精加工 C1 倒角
Z-36;	精加工 $\phi 34_{-0.020}^{0}$ 外圆
X40;	精加工 Z-36 的端面
X42Z-37;	精加工 C1 倒角
Z-38;	精加工 φ42 外圆
N02X46;	精加工 Z-38 的端面
G00 X100 Z200;	快速退刀到安全位置
T0202;	选 2 号刀,2 号刀补
M03 S800;	主轴以 800r/min 正转
G00 X100 Z100;	刀具定位到起刀点
G00 X17 Z2;	刀具到循环起点位置
G71U1.5R1P03 Q04 X-0.5Z0.1 F150;	粗切削循环,粗切量 1.5,精切量 X0.5,Z0.1
M03 S1500;	主轴以 1500r/min 正转
N03 G01X26 F100;	精加工程序起始行,刀具至 X26 处
Z0;	到端面编程原点处
X24Z-1;	精加工 C1 倒角
Z-28;	精加工 $\phi 24_{0}^{+0.021}$ 内孔
X22;	精加工 Z-28 的端面
Z-41;	精加工 $\phi 22_{0}^{+0.021}$ 内孔
N04 X17;	刀具退至 X17 处
Z2;	刀具退至 Z2 处
G00X100Z200;	快速退刀到安全位置
M30;	程序结束并复位

2.3 孔的车削加工编程

1. 右端面粗加工程序

粗加工零件右端面编程坐标系如图 6-13 所示,零件右端面粗加工程序与说明见表 6-8。

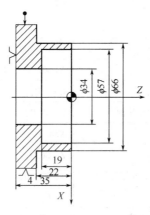

图 6-13 粗加工零件右端面编程坐标系

表 6-8 零件右端面粗加工程序与说明

程 序			
FANUC 系统	程序说明	华中系统	程序说明
O0001;	程序名	%0001;	程序名
T0101;	设立坐标系,选1号刀,1号刀补	T0101;	设立坐标系,选1号刀,1号刀补
M03 S800;	主轴以 800r/min 正转	M03 S800;	主轴以 800r/min 正转
G00 X120.0 Z100.0;	刀具快速定位到安全点	G00 X120.0 Z100.0;	刀具快速定位到安全点
G00 X93.0 Z5.0;	刀具到循环起点位置	G00 X93.0 Z5.0;	刀具到循环起点位置
G71 U1.5 R1.0; G71 P07 Q16 U0.5 W0.1 F0.2;	外径粗切削循环	G71 U1.5 R1.0 P07 Q16 X0.5 Z0.1 F150;	外径粗切削循环
N07 G01 X24 F0.15;	精加工起始行	M03 S1200;	精加工 1200r/min 正转
G01 Z0.0;		N07 G01 X24 F100;	精加工起始行
G01 X66.0;	加工端面	Z0;	
Z-22.0;	加工 φ66 外圆	X66.0;	加工端面
N16 X93.0;	加工 Z-22 的台阶面	Z-22.0;	加工 φ66 外圆
S1200;	精加工 1200r/min 正转	N16 X93.0;	加工 Z-22 的台阶面
G70 P07 Q16;	零件精加工	G00 X120.0 Z300.0;	退刀到安全位置
G00 X120.0 Z300.0;	退刀到安全位置		
T0202;	选2号刀,2号刀补	T0202;	选2号刀,2号刀补

(续)

程 序			
FANUC 系统	程序说明	华中系统	程序说明
G00X24Z5;	刀具到循环起点位置	G00X24Z5;	刀具到循环起点位置
G71 U1.5 R1.0; G71 P1 Q2 U-0.5 W0.1 F0.15;	内孔粗切削循环	G71 U1.5 R1.0 P1Q2 X-0.5 Z0.1 F150;	内孔粗切削循环
N1G01 X57F0.15;	精加工起始行	M03 S1200;	精加工1200r/min 正转
Z0;	加工端面	N1G01 X57.0F150;	
Z-19.0;	加工 φ57 内孔	G01 Z0;	加工端面
X34.0;	加工 Z-19 的台阶面	Z-19.0;	加工 φ57 内孔
Z-36.0;	加工 φ34 内孔	X34.0;	加工 Z-19 的台阶面
N2X24;	精加工结束行	Z-36.0;	加工 φ34 内孔
S1200;	精加工1200r/min 正转	N2 X24.0;	精加工结束行
G70 P1Q2;	零件精加工	Z5.0;	退刀
G00 X120.0 Z300.0;	刀具返回安全位置	G00 X120.0 Z300.0;	刀具返回安全位置
M30;	程序结束并复位	M30;	程序结束并复位

2. 左端面粗加工程序

粗加工零件左端面编程坐标系如图 6-14 所示，零件左端面粗加工程序与说明见表 6-9。

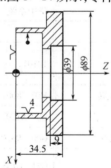

图 6-14 粗加工零件左端面编程坐标系

表 6-9 零件左端面粗加工程序与说明

程 序			
FANUC 系统	程序说明	华中系统	程序说明
O0001;	程序名	%0001;	程序名
T0101;	设立坐标系，选1号刀，1号刀补	T0101;	设立坐标系，选1号刀，1号刀补
M03 S800;	主轴以 800r/min 正转	M03 S800;	主轴以 800r/min 正转
G00 X120.0 Z300.0;	刀具快速定位到安全点	G00 X120.0 Z300.0;	刀具快速定位到安全点
G00 X93.0 Z40.0;	刀具到循环起点位置	G00 X93.0 Z40.0;	刀具到循环起点位置

(续)

程 序			
FANUC 系统	程序说明	华中系统	程序说明
G71 U1.5 R1.0; G71 P07 Q16 U0.5 W0.1 F0.2;	外径粗切削循环	G71 U1.5 R1.0 P07 Q16 X0.5 Z0.1 F150;	外径粗切削循环
N07 G01 X24 F0.15;	精加工起始行	M03 S1200;	精加工 1200r/min 正转
G01 Z34.50;		N07 G01 X24 F100	精加工起始行
G01 X89.0;	加工端面	Z34.5;	
Z21.50;	加工 $\phi 66$ 外圆	X89.0;	加工端面
N16X93.0;	加工 Z-22 的台阶面	Z21.50;	加工 $\phi 66$ 外圆
S1200;	精加工 1200r/min 正转	N16X93.0;	加工 Z-22 的台阶面
G70 P07 Q16;	零件精加工	G00 X120.0 Z300.0;	退刀到安全位置
G00 X120.0 Z300.0;	退刀到安全位置		
T0202;	选 2 号刀,2 号刀补	T0202;	选 2 号刀,2 号刀补
G00X24Z38;	刀具到循环起点位置	G00X24Z38;	刀具到循环起点位置
G71 U1.5 R1.0; G71 P1 Q2 U-0.5 W0.1 F0.15;	内孔粗切削循环	G71 U1.5 R1.0 P1Q2 X-0.5 Z0.1 F150;	内孔粗切削循环
N1G01 X39.0F0.15;	精加工起始行	M03 S1200;	精加工 1200r/min 正转
Z0;	加工端面	N1G01 X39.0F150;	精加工起始行
Z25.50;	加工 $\phi 57$ 内孔	G01 Z34.5;	加工端面
N2X33.0;	加工 Z-19 的台阶面	Z25.50;	加工 $\phi 57$ 内孔
S1200;	精加工 1200r/min 正转	N2X33.0;	加工 Z-19 的台阶面
G70 P1Q2;	零件精加工	Z38.0;	退刀
G00 X120.0 Z300.0;	刀具返回安全位置	G00 X120.0 Z300.0;	刀具返回安全位置
M30;	程序结束并复位	M30;	程序结束并复位

3. 右端面精加工程序

精加工零件右端面编程坐标系如图 6-15 所示。

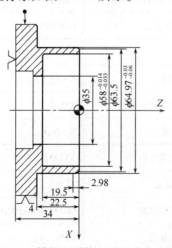

图 6-15 精加工零件右端面编程坐标系

表6–10 零件右端面精加工程序与说明

程序			
FANUC 系统	程序说明	华中系统	程序说明
O0001;	程序名	%0001;	程序名
T0101;	设立坐标系,选1号刀,1号刀补	T0101;	设立坐标系,选1号刀,1号刀补
M03 S1500;	主轴以1500r/min 正转	M03 S1500;	主轴以1500r/min 正转
G00 X100.0 Z100.0;	刀具快速定位到安全点	G00 X100.0 Z100.0;	刀具快速定位到安全点
G00 X90.0 Z5.0;	刀具到起点位置	G00 X90.0 Z5.0;	刀具到起点位置
X56.0;		X56.0;	
G01 Z0.0 F0.15;	刀具走到工件端面	G01 Z0.0 F150	刀具走到工件端面
X63.5;	加工工件端面	X63.5;	加工工件端面
X64.97 Z–2.98.0;	倒角	X64.97 Z–2.98.0;	倒角
Z–22.5;	加工 ϕ64.97 外圆	Z–22.5;	加工 ϕ64.97 外圆
X86.0;	加工 Z–22.5 的台阶面	X86.0;	加工 Z–22.5 的台阶面
G01 X89.0 Z–24.0;	倒角	G01 X89.0 Z–24.0;	倒角
X100.0;		X100.0;	
G01 Z5.0;	退刀	G01 Z5.0;	退刀
G00 X120.0 Z300.0;	刀具快速退到安全距离	G00 X120.0 Z300.0;	刀具快速退到安全距离
T0202;	选2号刀,2号刀补	T0202;	选2号刀,2号刀补
G00 X59.0;	刀具快速移动到 X59.0 处	G00 X59.0;	刀具快速移动到 X59.0 处
Z3.0;	刀具快速移动到 Z3.0 处	Z3.0;	刀具快速移动到 Z3.0 处
G01 Z0 F0.15;	刀具走到 Z0.0 处	G01 Z0 F150;	刀具走到 Z0.0 处
X58.0 Z–1.0;	倒内孔角	X58.0 Z–1.0	倒内孔角
Z–19.5;	加工 ϕ58 内孔	Z–19.5;	加工 ϕ58 内孔
X35.0;	加工 Z–19.5 的台阶面	X35.0;	加工 Z–19.5 的台阶面
Z–26.0;	加工 ϕ35 内孔	Z–26.0;	加工 ϕ35 内孔
X33.0;	刀具走到 X33.0 处	X33.0;	刀具走到 X33.0 处
Z3.0;	退刀到 Z3.0 处	Z3.0;	退刀到 Z3.0 处
G00 X120.0 Z300.0;	刀具返回安全位置	G00 X120.0 Z300.0;	刀具返回安全位置
M30;	程序结束并复位	M30;	程序结束并复位

4. 左端面精加工程序

精加工零件左端面编程坐标系如图6-16所示,零件左端面精加工程序与说明。

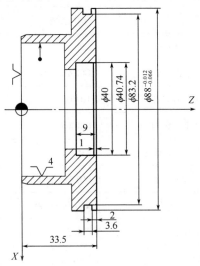

图6-16 精加工零件左端面编程坐标系

表6-11 零件左端面精加工程序与说明

程 序			
FANUC系统	程序说明	华中系统	程序说明
O0001;	程序名	%0001;	程序名
T0101;	设立坐标系,选1号刀,1号刀补	T0101;	设立坐标系,选1号刀,1号刀补
M03 S1500;	主轴以1500r/min正转	M03 S1500;	主轴以1500r/min正转
G00 X100.0 Z300.0;	刀具快速定位到安全点	G00 X100.0 Z300.0;	刀具快速定位到安全点
G00 X90.0 Z35.0;	刀具到起点位置	G00 X90.0 Z35.0;	刀具到起点位置
X38.0;		X38.0;	
G01Z33.50F0.15;	刀具走到工件端面	G01Z33.50F150	刀具走到工件端面
X88.0;	加工工件端面	X88.0;	加工工件端面
Z21.0;	加工φ88外圆	Z21.0;	加工φ88外圆
X90.0;	刀具退到X90.0处	X90.0;	刀具退到X90.0处
G01Z35.0;	刀具退到Z35.0处	G01Z35.0;	刀具退到Z35.0处
G00 X120.0Z300.0;	刀具快速退到安全距离	G00 X120.0Z300.0;	刀具快速退到安全距离
T0202;	选2号刀,2号刀补	T0202;	选2号刀,2号刀补
M03 S300;	主轴以300r/min正转	M03 S300;	主轴以300r/min正转
G00Z27.9;	刀具走到Z27.9处	G00Z27.9;	刀具走到Z27.9处
X90.0;	刀具走到X90.0处	X90.0;	刀具走到X90.0处
G01X83.2F0.015;	切槽3.6×4.2	G01X83.2F0.015;	切槽3.6×4.2

（续）

程　序			
FANUC 系统	程序说明	华中系统	程序说明
X90.0；	刀具退到 X90.0 处	X90.0；	刀具退到 X90.0 处
G00Z300.0；	刀具快速退到安全距离	G00Z300.0；	刀具快速退到安全距离
T0303；	选 3 号刀,3 号刀补	T0303；	选 3 号刀,3 号刀补
G00X40.74；	刀具移动到 X40.74 处	G00X40.74；	刀具移动到 X40.74 处
Z35.0；	刀具移动到 Z35.0 处	Z35.0；	刀具移动到 Z35.0 处
G01Z33.5F0.15；	刀具走到 Z33.5 处	G01Z33.5F0.15；	刀具走到 Z33.5 处
X40.0Z32.50；	倒内孔角	X40.0Z32.50；	倒内孔角
Z24.5；	加工 $\phi 40$ 内孔	Z24.5；	加工 $\phi 40$ 内孔
X34.0；	退刀到 X34.0 处	X34.0；	退刀到 X34.0 处
Z35.0；	退刀到 Z3.0 处	Z35.0；	退刀到 Z3.0 处
G00X120.0Z300.0；	刀具返回安全位置	G00X120.0Z300.0；	刀具返回安全位置
M30；	程序结束并复位	M30；	程序结束并复位

任务三　孔的车削加工实施

知识与技能点
- 掌握内孔车刀的安装方法；
- 能熟练地进行内孔车刀的对刀；
- 掌握内孔的的测量方法；
- 能正确分析内孔产生的误差。

3.1　工件装夹与刀具安装

3.1.1　工件装夹

该零件的毛坯为棒料，可选用三爪卡盘进行装夹。毛坯伸出长度 $L \approx 26\text{mm}$，零件的装夹如图 6-17 所示。

3.1.2　车刀的安装

内孔车刀安装的正确与否，直接影响到车削情况及孔的精度，如图 6-18 所示，所以在安装内孔时一定要注意以下事项：

（1）刀尖应与工件中心等高或稍高。

（2）刀杆伸出长度不宜过长，一般比被加工孔长 5~6mm。

（3）刀杆基本平行于工件轴线，否则在车削到一定深度时，刀杆后半部分容易碰到孔壁。

模块六 孔类零件的车削加工

图 6-17 零件的装夹示意图

图 6-18 内孔车刀安装示意图

3.2 对刀与参数设置

3.2.1 Z 向的对刀参数设置

（1）在手动方式下，调 1 号刀内孔车刀，按"主轴正转"按钮使主轴正转。

（2）在手动或手摇方式下，将刀具移至工件附近，越靠近工件手轮的倍率要越小，使刀尖与工件端面接触，将机床坐标系 Z 值作为 Z 方向对刀值，完成 Z 方向对刀，如图 6-19 所示。华中系统中打开[刀具补偿]→[刀偏表]，在#0001 号的"试切长度"栏中输入"0"，完成 Z 方向对刀，如图 6-20 所示。FANUC 系统中按下 OFFSET SETTING，选择[刀具补正/形状]，将光标移到某行的 Z 处输入"Z0"后点击"测量"即可完成 Z 轴方向对刀，如图 6-21 所示。

图 6-19 Z 向对刀示意图

图 6-20 华中系统切槽刀 Z 向对刀参数　　图 6-21 FANUC 系统切槽刀 Z 向对刀参数

3.2.2 X 向的对刀参数设置

（1）在手动方式下按"主轴正转"按钮使主轴正转。

（2）用内孔车刀刀尖车内孔，然后向"+Z"方向退出工件外→手动将主轴停止→测量，将此直径作为测量数据，如图6-22所示。华中系统中打开[刀具补偿]→[刀偏表]，在#0001号的"试切直径"栏中输入测量的直径（如42.392），完成X方向对刀，如图6-23所示。FANUC系统中按下 [OFFSET SETTING]，选择[刀具补正/形状]，到01号的X处输入测量的直径（如X42.392）后选择[测量]即可完成X轴方向对刀，如图6-24所示。

图6-22　X向对刀示意图

图6-23　华中系统切槽刀X向对刀参数　　图6-24　FANUC系统切槽刀X向对刀参数

（3）对刀完成后，手动移开刀架，退到安全位置，使主轴停转。

3.3　零件测量及误差分析

3.3.1　孔径测量工具

1. 孔径的测量

内孔零件的孔径检测常用量具有游标卡尺、内径千分尺、内径百分表等，孔深的检测常用量具有游标卡尺、深度游标卡尺、深度千分尺等。对于小径内孔，可以用塞规、内测千分尺寸等量具进行测量。

1）内卡钳测量

当孔口试切削或位置狭小时，使用内卡钳显得方便灵活。当前使用的内卡钳已采用量表或数显方式来显示测量数据，如图6-25所示。采用这种内卡钳可以测出IT7～IT8级精度。

2）塞规测量

塞规是一种专用量具，一端为通端，另一端为止端。使用塞规检测孔径时，当通端能进入孔内、而止端不能进入孔内时，说明孔径合格，否则为不合格孔径。与此相类似，轴类零件也可采用光环规测量，如图6-26所示。

图6-25　量表内卡钳

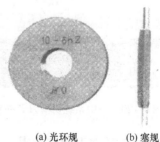

(a) 光环规　　(b) 塞规

图6-26　光环规和塞规

3）内测千分尺

内测千分尺使用方法如图 6-27 所示。可用于测量 5~30mm 的孔径,分度值 0.01mm。这种千分尺的刻线与外径千分尺相反,顺时针旋转微分筒时,活动爪向右移动,测量值增大。由于结构设计方面的原因,其测量精度低于其他类型的千分尺。

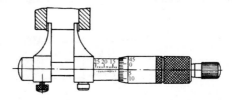

图 6-27　内测千分尺使用

4）内径百分表测量

内径百分表如图 6-28 所示,是将百分表装夹在测架 1 上,触头 6 称为活动测量头,通过摆动块 7 杆,将测量值 1∶1 传递给百分表。测量头 5 可根据孔径大小更换。为了能使触头自动位于被测孔的直径位置,在其旁装有定心器 4。测量前,应使百分表对准零位。测量时,为得到准确的尺寸,活动测量头应在径向方向摆动并找出最大值,在轴向方向摆动找出最小值,这两个重合尺寸就是孔径的实际尺寸。内径百分表主要用于测量精度要求较高而且又较深的孔。

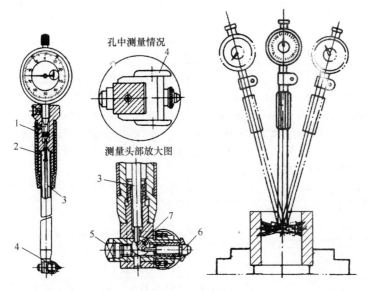

图 6-28　内径百分表
1—测架；2—弹簧；3—杆；4—定心器；5—测量头；6—触头；7—摆动块。

5）内径千分尺测量

用内径千分尺可以测量孔径。内径千分尺外形如图 6-29 所示,由测微头和各种尺寸的接长杆组成。每根接长杆上都注有公称尺寸和编号,可按需要选用。

内径千分尺的读数方法和外径千分尺相同,但由于内径千分尺无测力装置,因此测量误差较大。

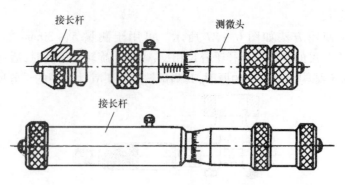

图 6-29 内径千分尺

2. 孔距测量

测量孔距时,通常采用游标卡尺测量。精度较高的孔距也可采用内径千分尺和千分尺配合圆柱测量芯棒进行测量。

3. 孔的其他精度测量

除了要进行孔径和孔距测量外,有时还要进行圆度、圆柱度等形状精度的测量以及径向圆跳动、端面圆跳动、端面与孔轴线的垂直度等位置精度的测量。

3.3.2 零件误差分析

零件误差分析见表 6-12。

表 6-12 零件误差分析

问题现象	产 生 原 因	预 防 方 法
尺寸不对	(1) 测量不正确; (2) 车刀安装不对,刀柄与孔壁相碰; (3) 产生积屑瘤,增加刀尖长度,使孔车大; (4) 工件的热胀冷缩	(1) 要仔细测量,用游标卡尺测量时,要调整好卡尺的松紧,控制好摆动位置,并进行试切; (2) 选择合理的刀杆直径,最好在未开车前,先把车刀在孔内走一遍,检查是否会相碰; (3) 研磨前面,使用切削液,增大前角,选择合理的切削速度; (4) 最好使工件冷却下来后再精车,加切削液
内孔有锥度	(1) 刀具磨损; (2) 刀杆刚性差,产生"让刀"现象; (3) 刀杆与孔壁相碰; (4) 车头轴线歪斜; (5) 床身不水平,使床身导轨与主轴轴线不平行; (6) 床身导轨磨损。由于磨损不均匀,使走刀轨迹与工件轴线不平行	(1) 提高刀具的耐用度,采用耐磨的硬质合金; (2) 尽量采用大尺寸的刀杆,减小切削用量; (3) 正确安装车刀; (4) 检量机床精度,校正主轴轴线跟床身导轨 的平行度; (5) 校正机床水平; (6) 大修车床
内孔不圆	(1) 孔壁薄,装夹时产生变形; (2) 轴承间隙太大,主轴颈成椭圆; (3) 工件加工余量和材料组织不均匀	(1) 选择合理的装夹方法; (2) 大修机床,并检查主轴的圆柱度; (3) 增加半精镗,把不均匀的余量车去,使精车余量尽量减小和均匀。对工件毛坯进行回火处理

(续)

问题现象	产生原因	预防方法
内孔不光	(1) 车刀磨损； (2) 车刀刃磨不良，表面粗糙度值大； (3) 车刀几何角度不合理，装刀低于中心； (4) 切削用量选择不当； (5) 刀杆细长，产生振动	(1) 重新刃磨车刀； (2) 保证刃刀锋利，研磨车刀前后面； (3) 合理选择刀具角度，精车装刀时可略高于工件中心； (4) 适当降低切削速度，减小进给量； (5) 加粗刀杆度降低切削速度

思考与练习

1. 编制图 6-30 所示零件数控车削工艺及加工程序，毛坯尺寸 $\phi42\times100$，材料 45 钢。

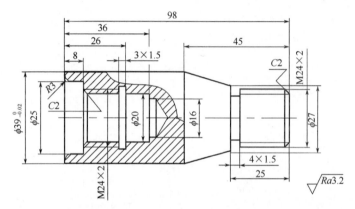

图 6-30 习题 1 零件图

2. 编制图 6-31 所示零件数控车削工艺及加工程序，毛坯尺寸 $\phi55\times65$，材料 45 钢。

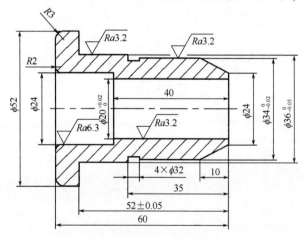

图 6-31 习题 2 零件图